装配式建筑系列丛书

装配式建筑100问

金茂慧创建筑科技有限公司 编著

周慧敏 代婧 主编

中国建筑工业出版社

图书在版编目（CIP）数据

装配式建筑 100 问 / 金茂慧创建筑科技有限公司编著；
周慧敏，代婧主编. —北京：中国建筑工业出版社，
2020.12（2021.10 重印）
（装配式建筑系列丛书）
ISBN 978-7-112-25512-2

Ⅰ．①装⋯　Ⅱ．①金⋯ ②周⋯ ③代⋯　Ⅲ．①装配式
构件－问题解答　Ⅳ．① TU3-44

中国版本图书馆 CIP 数据核字（2020）第 184898 号

责任编辑：刘　静　徐　冉
责任校对：李美娜

装配式建筑系列丛书
装配式建筑 100 问
金茂慧创建筑科技有限公司　编著
周慧敏　代婧　主编

*

中国建筑工业出版社出版、发行（北京海淀三里河路9号）
各地新华书店、建筑书店经销
北京锋尚制版有限公司制版
北京建筑工业印刷厂印刷

*

开本：787毫米×1092毫米　1/16　印张：11　字数：178千字
2021年2月第一版　2021年10月第二次印刷
定价：49.00元
ISBN 978 - 7 - 112 - 25512 - 2
（36518）

part **3** 设计相关问题 / 47

part **4** **工程相关问题 / 83**

part 5 成本相关问题 / 131

part 1

装配式
建筑通识

1 什么是装配式建筑?

答:

装配式建筑,是指建筑的部分或全部构件在构件预制工厂生产完成,然后通过相应的运输方式运到施工现场,采用可靠的安装方式和安装机械将构件组装起来,成为具备使用功能的建筑物。

装配式建筑是四大技术系统的集成,包括结构系统、围护系统、设备和管线系统、装修系统。装配式建筑一体化设计是关键,强调设计与部品的集成,旨在解决建筑系统之间的协同问题,使单体建筑成为安全可靠、建筑功能灵活可动、设备管线整齐统一、装修方便易行的满足可持续性的整体。

装配式建筑的各项技术相互辅助、集成应用,最终得以实现工业化建造的升级,有效提高了建筑产品的精度和质量,提升了功能性。同时,人口红利的逐渐消失,导致劳动力成本攀升,劳动力老龄化、出现短缺,因此,装配式建筑是建筑业未来发展的必经之路。

装配式建筑模型
(来源: 熊猫办公素材网 https://www.tukuppt.com/muban/labrnwdd.html)

2 目前装配式建筑发展中的主要问题有哪些？

答：

现阶段我国装配式建筑还处于起步发展阶段，与发达国家相比，在技术支撑、政策推进、市场培育、配套能力、管理模式转型等方面仍然存在着一些差距。

（1）标准规范、图集系统的完善性、丰富性、成熟性有待提升。

（2）适宜的技术体系较少，大范围推广有难度。

（3）一体化设计能力、控制能力不足，设计标准化程度低，建筑信息模型技术应用空间有待进一步开发。

自动化程度低的构件生产线

自动化程度高的构件生产线

（4）施工总承包方式亟待向集工程管理、设计、生产、采购于一体的工程总承包方式转型。

（5）适用于我国不同技术体系、能满足市场需求的设备有待进一步研发和提升，部品部件生产配套能力不足，产能区域布局不合理。

（6）装配化施工整体水平不高，与装配式施工相对应的施工组织方式、施工工艺工法需要深入探索。

（7）人才和产业队伍紧缺，严重制约行业发展。

外叶墙板施工精度难保证

现场堆场不规范

3 从开发商角度，装配式建筑给开发过程带来了哪些变化？

答：

除了国家重点发展区域外，大多数区域仍处于装配式建筑的发展初期，技术支撑、实施标准、产业布局、人员储备等尚未稳定。因此，装配式建筑的实施对建设单位的开发过程造成了一定程度的影响。

（1）不同地区的政策要求存在差异，政府管控机制和推广重点不尽相同，应充分了解当地的技术体系和执行标准。

（2）当前市场环境中，设计单位、加工单位、施工单位的经验均相对较少，且缺乏专业的监理团队，管控难度加大，风险项增多。

因施工不便截断钢筋

（3）装配式建筑强调一体化设计，相较于现浇结构，各专业综合协调工作要求前置，造成设计端流程发生变化，且对设计成果的精确度要求大大提高。

（4）主体结构由构件加工单位和施工单位共同完成，进度计划、工作界面划分、产品验收要求及程序均发生变化。

（5）以目前的装配式建筑发展程度，施工时间、建造成本相较于现浇结构有所增加。

4 什么是预制率、装配率？

答：

目前常用的装配式建筑技术指标包括预制率和装配率两种，不同地区对于预制率和装配率的指标定义不同。

（1）预制率

预制率强调主体结构的预制程度，以北京市的预制率计算细则为例。

混凝土结构是指单体建筑 ±0.00 标高以上、结构构件采用预制混凝土构件的混凝土用量占全部混凝土用量的体积比，按如下公式计算：

$$预制率 = \frac{V_1}{V_1 + V_2} \times 100\%$$

式中　V_1——建筑 ±0.00 标高以上，结构构件采用预制混凝土构件的混凝土体积，计入计算的预制混凝土构件类型包括：剪力墙、延性墙板、柱、支撑、梁、桁架、屋架、楼板、楼梯、阳台板、空调板、女儿墙、雨篷等；

　　V_2——建筑 ±0.00 标高以上，结构构件采用现浇混凝土构件的混凝土体积。

钢结构不考虑预制率。

各地计算细则会有一些差异，差异主要体现在可计入 V_1 计算的构件类型和范围。

（2）装配率

装配率通常为装配式建筑相关技术系统的综合评分，各地的得分组成项目、计算细则、加分项存在较大差异性。国家标准《装配式建筑评价标准》GB/T 51129—2017 已于 2018 年 2 月 1 日开始实施，陆续有部分省、市住房和城乡建设主管部门发布通知要求按国家标准执行，或以国家标准为基础进行一定调整形成了地方评价标准。国家标准中的装配率定义是既包含了主体结构，又包含了围护、管线和精装系统的综合考量。

5 全装修的定义是什么？

答：

2016 年发布的《国务院办公厅关于大力发展装配式建筑的指导意见》（国办发〔2016〕71 号）中重点推荐了建筑全装修。部分地方政府已经出台相关政策，列举如下：

全装修政策一览

地区	关于全装修的政策规定
北京市	保障性住房、共有产权房全面实施全装修成品交房； 需实施装配式建筑的商品房应全装修
上海市	全装修住宅面积占新建商品住宅比例：外环线内 100%，其他 50%；公共租赁房 100%
浙江省	全省各市、县中心城区出让或划拨土地上的新建住宅，全部实行全装修和成品交付
江苏省	装配式建筑和政府投资的新建公共租赁住房全部实现成品住房交付
海南省	从 2017 年 7 月 1 日起，各市、县商品住宅项目要全部实行全装修
山东省	2017 年设区城市新建高层住宅实行全装修；2018 年新建高层、小高层住宅淘汰毛坯房
四川省	到 2020 年，新建住宅全装修达到 50%；到 2025 年，新建住宅全装修达到 70%
天津市	2018~2020 年，采用装配式建筑的保障性住房和商品住房全装修比例达到 100%；到 2025 年，国有建设用地新建住宅实现全装修交付，新建住宅 100% 实现全装修交付
安徽省	2017 年末，政府投资的新建建筑全部实施全装修，合肥市新建住宅中全装修比例达到 30%，其他设区城市达到 20%
河南省	到 2020 年，全省新建商品住宅基本实现无毛坯房，郑州航空港经济综合实验区、郑东新区从 2016 年起，新开工商品住宅全部执行成品房标准

注：政策变动、修改请以当地政府网站最新发布为准。

（1）全装修的定义

全装修是指建筑功能空间的固定面装修和设备设施安装全部完成，达到建筑使用功能和性能的基本要求。

装修样板间

（2）全装修设计的内容

①建筑功能空间的墙面、地面、顶面的面层装饰；

②设备管线和其他与防火、防水（潮）、防腐、隔声（振）等建筑性能相关的功能性材料及其连接材料；

③与建设标准或建筑功能、使用功能等相关的设备设施。

全装修设计流程（建筑专业主导，各专业协同）要求开发单位严格落实土建装修"一体化"标准设计，装修设计必须与建筑设计紧密结合，兼顾内装与管线综合及设备的统筹协调配置。

6 什么是装配式装修?

答:

装配式装修是指以标准化设计、工厂化部品生产和装配化施工为主要特征,实现工程品质提升和效率提升的新型装修模式。主要包括干式工法楼(地)面、集成厨房、集成卫生间、集成墙面、集成吊顶等方面的内容。

集成墙面及干法地面系统
(来源:和能人居科技有限公司产品手册)

集成卫生间
(来源:和能人居科技有限公司产品手册)

住房和城乡建设部2017年3月发布的《"十三五"装配式建筑行动方案》（建科〔2017〕77号）中指出，推进建筑全装修和菜单式装修，提倡干法施工，减少现场湿作业，推广集成厨房和卫生间、预制隔墙、主体结构与管线分离等技术体系。

　　根据《装配式内装修技术标准》（征求意见稿）的建议，装配式内装修的部品选型宜在建筑设计阶段进行，部品选型时应明确关键技术参数，并在建筑方案设计中充分导入并考虑。装配式内装修应对楼地面系统、隔墙系统、吊顶系统、收纳系统、厨房系统、卫生间系统、设备和管线系统等进行集成设计。

　　装配式内装修施工可采用同步施工方式。同步施工及分部验收是保证装配式建筑工程施工效率的可靠措施，总包单位及各分包单位应相互配合，促进同步施工的实施。

7 BIM 三维设计的引入方式及其必要性是什么？

答：

BIM 三维设计的引入是为了将现代的信息化技术导入传统建筑业集成应用，促进建筑生产方式转变和建筑产业转型升级。它主要解决了以下问题：

（1）协同纠错

BIM 设计是一个有效的实现技术协同的手段。在施工图阶段，工厂构件深化、生产阶段应用 BIM 技术，可检查施工图中的"错漏碰缺"，提高设计正确度和精度；模拟节点钢筋避让，提前判断落地性；同时，为施工安装、工程预算、设备及构件安放制作等提供完整的模型和依据。

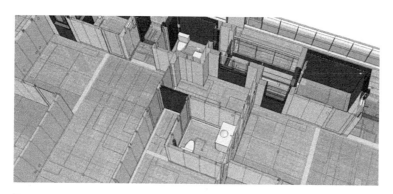

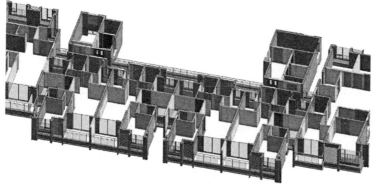

BIM 模型

（2）信息传递

在项目不同阶段，参与的相关方通过在 BIM 中插入、提取、更新和修改信息，支持和完成各自职责的协同工作。

通过 BIM 手段可将设计信息传递到下游工厂和施工单位，保持施工与设计意图的一致性，并且有效地指导施工，一定程度上实现了设计、生产、装配各环节的技术联动。

把 BIM 模型和施工方案利用虚拟环境做数据集成，可在虚拟环境中进行施工模拟，对项目的重点、难点进行全面的判断，对施工安全、堆场方案以及对环境的影响等进行分析，优化施工组织方案。

（3）全流程模型平台和数据库

建立更复杂或精细化的模型，可形成数据库；根据模型自动计算预制率、工程量清单等，使成本真实可控。

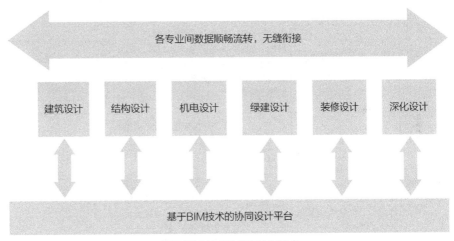

基于 BIM 技术的信息协同平台

8 装配式混凝土建筑的结构体系主要有哪几种？

答：

（1）装配式混凝土建筑的主要结构体系简介

国外住宅中应用较多的装配式结构体系包括：日本的装配式框架体系、美国的钢结构＋挂板体系、德国等欧洲国家的预制叠合剪力墙体系、新加坡的预制剪力墙体系和钢结构住宅等。国内常见的结构体系主要特点如下：

不同体系对比分析

技术体系	技术特点	预制构件类型	优缺点	适用性
体系一：现浇竖向构件—预制水平构件体系	主体结构竖向构件采用现浇混凝土，仅部分水平构件采用预制混凝土	桁架钢筋叠合板、预制预应力楼板、预制阳台板、预制空调板、预制楼梯、预制叠合梁等	①适用范围广；②设计、加工、施工实施难度小，成本增量低；③现场湿作业较多，仅解决水平构件的支模问题，工业化程度有限	①各类建筑及结构体系均适用；②可运用在较高的建筑中；③在国内装配式建筑发展处于起步阶段的地区运用较广，主要目的是为降低实施难度和成本增量
体系二：内浇外挂体系	①主体结构竖向承重构件采用现浇混凝土；②预制外挂墙板作为现浇主体结构的外模板；③局部无现浇剪力墙外墙部位，外挂墙板兼作建筑外围护结构	外挂墙板（夹芯保温外挂墙板、非夹芯保温外挂墙板）、水平预制构件同"体系一"	①主体结构竖向构件采用现浇混凝土，施工难度较小；②外挂墙板加工简单，生产效率高，成本低；③对外墙墙垛最小尺寸限制少，预制外墙布置简单；④外墙墙厚及自重较大；⑤需重点关注节点连接、主体结构设计等相关问题	比较适合在南方地区，特别是夏热冬暖等地区使用，较适合于低烈度抗震设防地区

技术体系	技术特点	预制构件类型	优缺点	适用性
体系三：预制实心剪力墙体系（夹芯保温墙板及非夹芯保温墙板）	①结构承重剪力墙墙肢和连梁采用预制混凝土构件； ②预制墙肢水平钢筋通过后浇混凝土区域实现连接； ③预制墙肢竖向钢筋通过钢筋套筒灌浆连接、浆锚搭接连接、机械连接等形式实现等强连接	夹芯保温剪力墙外墙板、非夹芯保温剪力墙外墙板、预制剪力墙内墙板，水平预制构件同"体系一"	①研究成果较丰富，配套的设计标准、图集、工法等成熟，适用于住宅类建筑中； ②加工、施工难度较大，预制墙板侧面均外伸钢筋，构件加工无法实现自动化，加工和施工成本较高； ③外墙防水节点构造和实施难度较大； ④夹芯保温墙板对建筑外立面的形式和装饰材料限制较大，但能实现结构、围护、保温、装饰一体化，工业化水平较高	①夹芯保温墙板适用于住宅类建筑中，特别是严寒、寒冷和夏热冬冷地区的住宅类建筑，非夹芯保温墙板适用于我国南方、华中、华东等地区的住宅类建筑； ②适用于工业化程度较高，预制率、装配率要求高的住宅类建筑； ③不适用于超高层建筑（适用高度不超过现有标准要求）
体系四：双面叠合剪力墙体系	①预制剪力墙采用内外叶墙板通过桁架钢筋连接，墙板中间空腔在现场通过后浇混凝土填充； ②剪力墙的竖向和水平钢筋通过水平和竖向接缝处的后插钢筋实现间接搭接； ③此技术体系来源于欧洲（德国为主），近年来引进到国内，通过研究和改进，逐步在我国多层和高层住宅建筑中使用	预制双面叠合剪力墙（非夹芯保温墙板、夹芯保温墙板），水平预制构件同"体系一"	①预制墙板侧面无外伸钢筋，加工难度低，可实现构件全自动化加工，效率高，成本低； ②现场施工工法和要点与常见的钢筋套管灌浆连接的剪力墙结构差异较大，钢筋定位精度要求不高，对后浇混凝土的浇筑施工控制要求高； ③生产线以进口自动化设备和生产线为主，国内部分设备厂家也研制和制造了相关设备； ④相关的接缝受力性能及墙肢抗震性能的研究还在不断深化和完善过程中	①适用于多层和高层住宅类建筑中，在建筑高度上目前还有一定的限制； ②目前相对比较成熟的墙板形式为非夹芯保温墙板

技术体系	技术特点	预制构件类型	优缺点	适用性
体系五：圆孔板剪力墙体系	①竖向承重剪力墙采用预制空心墙板，墙体的水平和竖向钢筋通过接缝处后插钢筋实现间接连接，空心墙板中的空腔采用自密实混凝土填充；②圆孔剪力墙板采用标准化版型（宽600~1200mm），墙板板侧无外伸钢筋，墙板可实现全自动化立模生产	圆孔板剪力墙板，水平预制构件同"体系一"	①预制墙板可实现完全标准化板型，且板侧无外伸钢筋，模具通用；②可采用立模实现全自动化生产，生产效率高，成本低；③墙板之间采用密拼缝的形式，施工工法中应有墙板抗裂专项措施；④目前主要以非夹芯保温墙板体系为主，需二次实施建筑外保温和内保温施工；⑤属于企业专有技术	①适用于多层和小高层住宅类建筑；②企业专有技术，处于推广应用期
体系六：装配整体式框架结构体系	①预制框架柱、预制框架梁在梁柱节点连接区通过后浇混凝土及钢筋的连接或锚固，实现与现浇框架结构同性能；②预制框架柱、梁通常采用大截面尺寸构件，大直径、大间距配筋构造形式；③可采用将预制构件连接节点设置在梁、柱构件段的形式，其梁柱节点核心区采用预制混凝土	预制柱、预制梁，水平预制构件同"体系一"	①构件加工难度较大，只能采用固定台模形式加工；②现场施工要求高，特别是预制柱的吊装和钢筋对位、梁柱节点区钢筋避让和施工次序等问题；③需选用合适的外围护体系；④在我国，纯框架结构的适用高度有限，通常需要结合采用框架—剪力墙结构；其中，预制框架预制剪力墙结构体系的设计方法有待进一步研究	主要适用于公共建筑中

（2）几种典型的结构体系

①装配整体式剪力墙体系

装配式剪力墙结构采用的主要节点连接技术均为成熟技术，在国内外得到了大量的运用。其竖向钢筋通过套筒灌浆、浆锚等方式连接，水平钢筋通过后浇带连接。竖向后浇段、水平后浇带、叠合楼板现浇层浇筑成一体，共同作用，加强了装配式剪力墙结构的整体性能。装配整体式剪力墙结构的底部加强区一般采用现浇混凝土结构。

剪力墙板分为夹芯保温外墙板、非夹芯保温外墙板和预制内墙板,目前夹芯保温外墙板的应用较多。夹芯保温外墙板的研究成果和实践案例相对成熟,且更适用于东北、华北等严寒及寒冷地区。但夹芯保温外墙板的重量较大,并且在外叶板上较难实现复杂、凹凸的外饰面造型。

②内浇外挂体系

该体系是把围护墙预制,将其作为建筑外模板而非承重墙板,竖向构件整体现浇,可适用于高层建筑。外挂墙板应考虑风荷载、地震作用等,不参与主体结构受力,但具备适应主体结构层间位移角变形的能力。该体系在南方地区应用较多,便于施工,提高了建筑的自动化加工程度,同时,带饰面的外挂墙板可减少现场的湿作业。但外挂墙板构件运输、堆放与吊装过程中需严格做好产品保护,并且施工过程中对外挂墙板板缝防水处理、节点安装的施工质量要求颇高。

预制外挂板建筑
(来源:北京榆构有限公司官网 http://www.bypce.com/newsinfo/2081367.html)

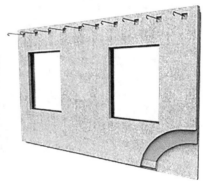

预制外挂墙板示意

③双面叠合剪力墙体系

双面叠合剪力墙由双层预制板与桁架钢筋制作而成,现场安装就位后,在双层板的空腔中浇筑混凝土并采取规定的构造措施,同时,整片剪力墙与暗柱通过现浇连接形成预制与后浇之间的整体连接。

双面叠合剪力墙结构水平与竖向分布钢筋的被连接筋位于预制构件内,连接筋位于后浇空腔内,通过桁架筋的横向约束作用,增强钢筋的传力效果。

双面叠合剪力墙板加工方便高效，可以较大程度地实现机械化、工业化生产。由于墙板侧面不需出筋，大大简化了模具要求；施工方便、免支模；无需灌浆，而是从上向下倾倒自密实混凝土或普通混凝土，简化了水平和竖向钢筋的连接。目前，将国外进口的生产线设备根据国内的体系进行改进，作出适应性调整，边缘构件预制区域加工难度较大。

叠合剪力墙板局部示意

叠合剪力墙墙板

9 PC 预制构件的种类主要有哪些?

答:

PC 预制构件是指装配式结构中主体或围护结构的混凝土预制构件,一般分为竖向构件和水平构件。

（1）竖向构件

装配式混凝土结构的竖向预制构件主要包括预制混凝土外墙板（夹芯保温外墙板、非夹芯保温外墙板）、预制内墙板、双面叠合剪力墙板、圆孔剪力墙板、预制柱、预制女儿墙、预制外挂墙板（女儿墙、外挂墙板为竖向围护构件,其余为竖向承重受力构件）、PCF 板（仅作为模板使用）。下面介绍几种典型的预制构件。

①预制夹芯保温外墙板

预制夹芯保温外墙板是集受力、围护及保温于一体的预制外墙板,它由内叶墙板、外叶墙板和夹芯保温层三部分组成。外叶墙板通过拉结件与承重内叶墙板可靠连接,内叶墙板作为结构受力构件,参与结构共同工作,外叶墙板附着在内叶墙板上,在各种荷载作用下保持相对独立变形。

外叶板通常为 60mm 厚,保温层厚度根据节能要求计算确定,内叶板厚度根据整体结构受力计算确定。

在现浇转角暗柱等部位,可采用预制外模板。预制外模板施工时,应注意浇筑速度,应设置模板背衬,以防止此处混凝土浇筑时胀模。预制外模板无外伸钢筋,施工安装时,精度控制难度大。

预制夹芯保温外墙板

夹芯保温层较常采用的保温材料为挤塑聚苯板，不建议采用聚苯乙烯泡沫保温板。聚苯乙烯泡沫保温板易破碎、产生颗粒，且表面不光滑，给内外叶墙板的自由滑移造成了阻力，若采用此类保温板，需设置相关措施保证内外叶自由滑动。

②预制内墙板/非夹芯保温外墙板

预制内墙板和非夹芯保温外墙板相对于夹芯保温外墙板，减少了外叶板和保温层，无法实现墙体—保温—装饰一体化。

③预制柱

PCF 构件

预制梁柱节点区通常采用现浇方式，柱、梁纵筋宜大直径、大间距配筋。现场施工应保证节点核心区的箍筋绑扎，以及柱与梁纵筋的避让。

预制内墙板

预制梁柱节点

（2）水平构件

①预制楼板

预制板类构件包括：桁架钢筋叠合楼板、预制预应力楼板（预应力叠合楼板、预应力带肋底板混凝土叠合板、预应力空心楼板等）、预制阳台板、预制空调板、预制楼梯板等。

桁架钢筋叠合楼板技术最为成熟，应用较广泛，加工、施工难度较低，造价增量低，为推荐的预制楼板形式。

叠合板由下部预制混凝土底板和上部现浇混凝土叠合层组成，预制底板内会设置桁架钢筋。楼板总厚度一般为130~160mm：预制底板一般不小于60mm，现浇层厚度不小于60mm；考虑现浇层的电管预埋走线需求，现浇层一般不小于70mm。

叠合板

②预制阳台板、预制空调板

预制混凝土阳台板（叠合阳台板或全预制阳台板）、预制空调板是装配式住宅经常采用的构件。阳台板上部的受力钢筋伸入户内的楼板现浇层中可靠锚固。预制阳台板、预制空调板具有现场施工简单、外表面平整度高等特点。

③其他预制楼板

商场、酒店、公寓、办公等柱跨较大的公共建筑，由于楼板跨度较大，因此更适合采用预制预应力楼板。

预制阳台板、预制空调板

预应力带肋叠合楼板加工工艺较为复杂，加工周期较长，当充分掌握加工工艺并能提升加工效率时可推广采用。

综上，桁架钢筋叠合楼板、预应力带肋叠合楼板、预应力混凝土叠合楼板、空心叠合楼板均为叠合楼板，整体性好，对结构抗震性能影响很小，所以适用于所有抗震区。

④预制叠合梁

预制叠合梁的特点是部分预制、部分现浇，梁顶预留水平现浇带，梁端设置抗剪键槽。采用预制叠合梁可减少水平梁的现场支模。

预制叠合梁

10 装配式建筑的策划阶段主要关注什么？

答：

（1）政策要求

在项目策划前期应与当地住房和城乡建设主管部门及规划部门充分沟通，明确实施范围和指标评价的要求、是否存在地方细则、装配式技术项目是否有创新加分项和当地成熟体系。

一般来说，各地政府对于装配式建筑均有奖励或扶持政策，比如放宽预售的形象进度要求、采用预制外墙时给予一定比例的面积奖励、给予财政基金补贴或奖励、作为示范工程达到宣传效应等。以上奖励条件均需要准备资料，并与相关政府部门进行沟通、申请和认证。

（2）产品诉求与装配式建筑的匹配性

判定项目的产品定位和特点是否与装配式建筑匹配。例如，产品标准化程度、结构体系、立面风格是否利于装配式建筑实施；装配式内装部品在当地的可接受度及周边采购是否存在风险；与项目体量对应的预制 PC 构件生产资源是否能够保障。

（3）已有类似案例的调研

调研重点包括：当地类似案例的技术体系有何特点；比较有经验的设计、生产和施工单位有哪些；一般可达到哪些奖励政策；如何找到装配式增量成本与其他奖励、优势摊销后的平衡点。

11 装配式建筑与现浇建筑相比，在开发过程中增加了哪些审查环节？

答：

目前，不同城市的审查环节不尽相同，可参照、借鉴装配式建筑重点发展且有大量实施经验区域的做法，现将北京市各审查备案节点的概况列举如下：

（1）设计阶段

在项目初步设计阶段进行装配式技术方案评审（单独评审或作为结构评审的一项），申请面积奖励时进行面积专项审查等；

规划设计阶段，应增加装配式的相关说明和内容（如明确实施范围、单体指标要求、奖励面积、不计容面积等）；

施工图阶段，需增加产业化的专项内容（指标说明、计算书和专项图纸等）。

（2）施工阶段

装配式建筑施工开始前，应进行施工组织设计的方案评审。政府相关部门在施工中进行过程监管，重点包括施工质量、是否按图施工、文件资料是否齐全、手续是否合规等。

建设单位应在工程主体结构验收或竣工验收前，组织进行预制率或装配率验收，形成验收表。当项目为全装修竣备时，可分阶段进行主体结构验收。

part **2**

国家装配式建筑评价标准的解读

《装配式建筑评价标准》GB/T 51129—2017 的编制，以促进装配式建筑的发展、规范装配式建筑的评价为目标，采用装配率来评价装配式建筑的装配化程度。

编制组根据 2017 年住房和城乡建设部关于装配式建筑实施情况的检查，发现各省市统计的装配式建筑实施的比例参差不齐，认定标准差异较大，出现了"预制率""装配率""预制装配率""预制化率"等各种评价指标。因此，在研究了各地关于装配式建筑的政策和差异后，国家于 2017 年发布了《装配式建筑评价标准》。

《装配式建筑评价标准》通过对建筑的主体结构、围护墙和内隔墙、装修和设备管线等三大部分进行评价，归纳"预制率""装配率""预制装配率"等评价指标，统一采用"装配率"一个指标，综合反映建筑的装配化程度。本章着重就《装配式建筑评价标准》中各评分项进行概念解读。本章中部分内容摘自马涛的宣讲报告《装配式建筑评价标准解读》。

12 国标的评价对象是什么？

答：

国标的评价对象是实施装配式的单体建筑，除特殊情况外，不按项目或地块进行分数加权取值。考量范围为单体建筑室外地坪以上的部分，不含地下建筑。

13 三大部分评价项的分值如何计算？

答:

装配率以主体结构、围护墙和内隔墙、装修和设备管线三个方面分别取分求和。

装配式建筑评价标准

评价项		评价要求	评价分值（分）	最低分值（分）
主体结构（50分）	柱、支撑、承重墙、延性墙板等竖向构件	35% ≤比例≤ 80%	20~30*	20
	梁、板、楼梯、阳台、空调板等构件	70% ≤比例≤ 80%	10~20*	
围护墙和内隔墙（20分）	非承重围护墙非砌筑	比例≥ 80%	5	10
	围护墙与保温、隔热、装饰一体化	50% ≤比例≤ 80%	2~5*	
	内隔墙非砌筑	比例≥ 50%	5	
	内隔墙与管线、装修一体化	50% ≤比例≤ 80%	2~5*	
装修和设备管线（30分）	全装修	—	6	6
	干式工法的楼面、地面	比例≥ 70%	6	—
	集成厨房	70% ≤比例≤ 90%	3~6*	
	集成卫生间	70% ≤比例≤ 90%	3~6*	
	管线分离	50% ≤比例≤ 70%	4~6*	

注：表中带＊项的分值采用"内插法"计算，计算结果取小数点后1位。

其中，主体结构中竖向构件的应用比例以体积为单位计算，水平构件的应用比例以面积为单位计算；外围护墙和内隔墙部品应用比例以面积为单位计算；集成厨房、集成卫生间应用比例以面积为单位计算（含顶面、地面及墙面），管线分离比例以长度为单位计算。公共建筑和住宅共用此评审系统，如有缺项，在总分中予以扣除。

14 "非承重围护墙非砌筑"是指什么?

答:

外围护墙体是指建筑外皮的非承重墙体,是分隔建筑室内外环境的部品部件的整体。非砌筑部分主要包括不参与结构受力的窗下墙部分、外墙上的结构洞口、建筑外立面上具有围护功能的非承重墙板。

采用现浇方式施工的围护墙体不计入非砌筑方式。

15 "非承重围护墙非砌筑"的实现方式有哪些?

答:

"非承重围护墙非砌筑"的实现方式有:

(1)幕墙系统,即轻钢龙骨复合类材料外墙,如玻璃幕墙、铝板幕墙等;

(2)水泥基复合类材料外墙,如玻璃纤维增强混凝土板(GRC)、超高性能混凝土板(UHPC)、蒸压加气轻质纤维水泥板等;

幕墙系统

水泥基复合类材料建筑立面

(3)预制混凝土外挂墙板;

(4)轻质混凝土材料外墙,如加气混凝土条板等;

(5)整体飘窗、阳台栏板;

(6)其他复合一体化墙板等。

外围护结构与主体结构的连接节点及受力关系,外围护结构自身的变形、防火、防水性能,以及块板之间接缝处的细部做法是重点关注的内容。

16 "内隔墙非砌筑"是指什么？

答：

内隔墙指建筑内部的二次墙体，即非结构受力墙体。

非砌筑内墙体的特点为：工厂生产、现场安装、以干法施工为主，且应具有隔声、防火、防潮等性能。内墙板成本比传统砌筑墙成本略高，但相较于砌筑，具有质量轻，环保，减少现场施工工序、湿作业和浇筑量等优势。

内隔墙非砌筑

答:

内隔墙墙板的类型主要包括轻钢龙骨类、轻质条板类、木骨架组合墙体类等,前两种类型在住宅中应用较多。

(1)轻钢龙骨类内隔墙的板材可根据实际需要采用纤维石膏板或硅酸钙板等同类板材,管线通过龙骨空间来实现分离,但产品的隔声、防火效果需重点关注,板材拼缝需结合精装考虑。

当轻钢龙骨墙用于分户墙时,背对背插座宜相互错开;墙体在插座及孔洞处的封堵、隔声措施要充分考虑,避免因局部漏声影响整体隔声效果。

轻钢龙骨分户墙
(来源: 和能人居科技有限公司产品手册)

(2)轻质条板类墙体根据加工工艺和基质材料不同而形成不同的产品,主要类型包括蒸压钢筋陶粒混凝土墙板、蒸压加气混凝土墙板(ALC板)、发泡陶瓷墙板、挤压混凝土墙板、泡沫混凝土墙板等。

后页表格摘自远大住宅工业有限公司提供的相关资料。

轻质条板

不同板材性能分析

材料类型	原材料	面密度 （kg/m²）	优点	缺点
蒸压钢筋陶粒混凝土墙板	陶粒、水泥、砂、外加剂、钢筋笼	90mm 厚板材：95 100mm 厚板材：100	强度较高，防水防火性能好，内含双层双向钢筋笼，抗折抗裂性好，内有工艺孔走线方便	密度大，外加剂含有发泡材料，表面偶有蜂窝麻面；原材料批次不同会有部分色差；板面光滑，贴瓷砖需打毛处理，运输时边角易损
蒸压加气混凝土墙板（ALC）	砂、水泥、石灰、钢筋笼	100mm 厚板材：70 强度等级越高、含水率越高，板材越重	密度小，产品防火性能好，内含钢筋笼，抗折抗裂，应用案例多	吸水受潮，钢筋笼要防锈防腐处理；含水率高，易干缩开裂，易缺角掉边，拼接缝有开裂隐患
发泡陶瓷墙板	陶土尾矿、陶瓷碎片、玻璃、发泡剂	100mm 厚板材：40	密度小，发泡陶瓷产品防火防水，重量轻，适合在旧楼中增加隔墙	无配筋易折，材料脆，需要薄抹灰或界面处理，拼接缝有开裂隐患
挤压混凝土墙板	粉煤灰、煤渣、水泥、建筑废渣、石子	90mm 厚板材：105 100mm 厚板材：110 根据养护条件，含水率越高，板材越重	强度较高，防火，内有工艺孔走线方便	密度较大，原材料质量参差不齐难控制，自然养护质量不可控；吸水易受潮发霉，无配筋，含水率高容易开裂
泡沫混凝土墙板	硅酸钙板、泡沫颗粒、水泥	100mm 厚板材：70	泡沫混凝土产品隔声性能优异	强度低，无配筋，拼接缝有开裂隐患；泡沫颗粒遇火会产生烟气，易变形

18 "围护墙与保温、隔热、装饰一体化"是指什么？

答：

围护墙采用墙体、保温、隔热、装饰一体化强调的是"集成性"，通过集成，满足结构、保温、隔热、装饰要求，同时强调从设计阶段需进行一体化集成设计，以实现多功能一体的"围护墙系统"。

目前，该项目实现方式主要有：预制夹芯保温外墙板、玻璃幕墙、大型条板＋干挂石材＋保温。也包括其他新型材料产品，如反打一体化外保温墙板、GRC或UHPC墙板内附保温、压型钢板保温复合板等，但产品应有专门供应商，且供应商应提供产品性能资料、材料及部品部件的做法和构造、组装及工序安排、质量标准等，满足采购、生产、组装及检验验收等需要。

"围护墙与保温、隔热、装饰一体化"实现形式

实现形式	产品示例图片
预制夹芯保温外墙板	
玻璃幕墙（隐框玻璃幕墙）	
保温、装饰一体化板	

19 "内隔墙与管线、装修一体化"是指什么？

答：

内隔墙采用墙体、管线、装修一体化强调的是"集成性"。内隔墙从设计阶段就需进行一体化集成设计，在管线综合设计的基础上，实现墙体与管线的集成以及土建与装修的一体化，从而形成"内隔墙系统"。精装设计应配合主体结构设计同步进行，一体化墙面应与其他墙面的装修风格协调统一。

该项目的实现方式包括：轻钢龙骨＋装饰板一体化隔墙、设置夹层装饰墙体（但会占用使用面积，影响得房率）、轻质隔墙板预留管线（应联合生产厂家判定可实施性，并实现免抹灰）＋涂料或壁纸等。

选用产品供应商需提前招标采购，且厂家应有完整的安装工艺和质量标准，以及详细可靠的节点做法。

20 全装修的要求是什么？

答：

（1）交付使用前已确定的建筑功能、建设或使用标准的功能空间应全部完成全装修；

（2）设计应对装修方式、安装要求、材料性能及环保标准等给出明确规定；

（3）在方案评审中应提交的资料包括但不限于装修标准、典型设计详图、说明等，并应与施工图一致。

不同建筑类型的全装修内容和要求是不同的。对于居住、教育、医疗等建筑类型，在设计阶段即可明确建筑功能空间对使用和性能的要求及标准，应在建造阶段实现全装修。对于办公、商业等建筑类型，其建筑的部分功能空间对使用和性能的要求及标准等，需要根据承租方的需求进行确定，则应在建筑公共区域等非承租部分实施全装修，并对实施"二次装修"的方式、范围、内容等作出明确规定。

21 干式工法地面的特点有哪些?

答:

干式工法地面的特点是现场施工无湿作业,通过架空设计实现管线与主体结构的分离,同时架空地面有良好的隔声性能。对结构楼板顶面采用湿法找平操作的部分不应计入干式工法地面。

干式工法地面采用一定高度的可调节支撑脚进行架空设计,架空层直接安装管线,基层板具有良好的承重能力,面层板接缝采用专用的弹性结构胶粘结,面层板应根据建筑功能需要选择相应材质。架空地板系统应设置地面检修口,方便管道检查和维修,亦可结合干式地暖系统设置。

干法地面类型

无地暖地面,最小面层高度约60mm;有地暖地面,最小面层高度约110mm。采用干法地面,前期设计应对装修效果、成本增量及净高等进行充分考虑,以免影响业主感受。采用石材、地砖的干法地面,空鼓感相对较强,与普通地坪相比使用舒适度有一定下降,应加强相应构造措施或选用专门产品。

22 管线分离是指什么？

答：

管线分离的目标是解决因管线的维修和更换而对建筑系统产生的影响，目前国内常在结构中预埋管线，但主体结构寿命与机电系统及装修系统的周期并不匹配，一旦发生管线维修、建筑功能变更甚至仅仅家具或电器的更改，都可能造成大量剔槽主体结构的情况出现，浪费资源的同时更有可能破坏原有结构的安全性及耐久性。

管线与支撑体的分离是指，以建筑支撑体（S）与填充体（I）分离的 SI 理念为基础，将设备管线系统与结构系统分离开的设置方式，使其完全独立于结构外，施工程序明了，敷设位置明确，施工期间易管理，完工后易维修，将来内装易修改。这是一种必然的发展趋势。

对于裸露于室内空间以及敷设在地面架空层、非承重墙体空腔和吊顶内的管线应认定为管线分离。为实现管线分离，管线宜优先敷设在楼地面架空层、吊顶、墙体夹层、龙骨之间，也可以结合踢脚线、装饰线脚进行敷设。而对于埋置在结构构件内部（不含横穿）或敷设在湿作业地面垫层内的管线应认定为管线未分离。

考虑到工程实际需要，纳入管线分离比例计算的管线专业包括电气（强电、弱电、通信等）、给水、排水和采暖等专业。

23 管线分离的实现方式有哪些?

答: ————————————————————————————

楼地面管线分离常见的实现方式包括: 管线敷设于架空地面中或吊顶中。墙面管线分离的实现方式包括: 管线敷设于内隔墙墙板的空腔中, 或管线敷设于龙骨层。

（1）架空地面

架空地面采用树脂或金属地脚螺栓支撑, 空腔内敷设管线。在安装设备等的地面处设置地面检修口, 以方便管道检查、修理。

（2）吊顶

采用轻钢龙骨吊顶, 吊顶内的架空空间用于敷设管线、安装灯具及其他设备等。

架空地面

吊顶

（3）轻钢龙骨墙、空心条板墙空腔

承重墙表层采用树脂螺栓或龙骨，外贴板材，实现双层贴面墙。架空空间用于敷设安装电气管线、开关、插座等。

在住宅项目中，一般电气、给水排水、采暖管线在地面敷设的比例最大，墙面次之，在吊顶中的敷设比例最小，因此若要实现较高的管线分离比例，应优先采用架空地面。在北方地区供暖方式为地暖时，采暖管线的总长度最长、所占比例最大，电气管线次之，给水排水管线最少，因此选用干式地暖模块地面，有利于实现管线分离。

24 什么是集成厨房?

答:

集成厨房是指由工厂生产的楼地面板、墙面(板)、吊顶和橱柜设备及管线等进行集成设计并主要采用干式工法装配而成的厨房。其设计应遵循标准化、系列化原则,应符合干式工法施工的要求,在制作和加工阶段全部实现装配化。厨房吊顶宜与通风、排烟、照明等设备设施集成生产。

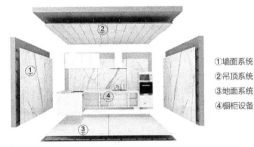

①墙面系统
②吊顶系统
③地面系统
④橱柜设备

集成厨房组成
(来源:苏州科逸住宅设备股份有限公司产品手册)

墙、地面采用架空系统,设置可调节金属龙骨,架空层内直接安装水电管线。墙、地板工厂预制,无二次加工,方便后期模块化维护,不会破坏主体结构,提高整体耐久性;吊顶采用装配式吊顶系统,墙、地、顶均采用全干法装配式施工。

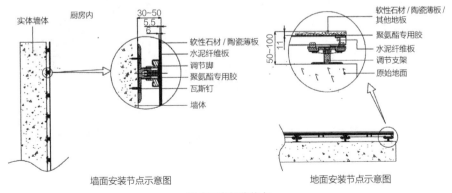

墙面安装节点示意图

地面安装节点示意图

集成厨房部分节点
(来源:苏州科逸住宅设备股份有限公司产品手册)

答：

（1）集成卫生间

集成卫生间是指由工厂生产的楼地面（板）、墙面（板）、吊顶和洁具设备及管线等进行集成设计并主要采用干式工法装配而成的卫生间。一般是由一体化防水底盘、与防水底盘组合的墙板、顶板构成，配上各种功能洁具形成的独立卫生单元；具有淋浴、盆浴、洗漱、便溺四大功能或这些功能之间的任意组合。

集成卫生间

集成卫生间是装配式建筑装修的重要组成部分，其设计应遵循标准化、系列化原则，并符合干式工法施工的要求，在制作和加工阶段全部实现装配化。

（2）整体卫浴

由防水盘、壁板、顶板及支撑龙骨构成主体框架，并与各洁具及功能配件组合而成的通过现场装配或整体吊装进行装配安装的独立卫生间模块产品，称为"整体卫生间"，也称"整体卫浴"。市场选择面大，高低档次均有。

常见的整体卫浴防水托盘材料为航空树脂（SMC）及玻璃钢（FRP），墙壁及顶板材料为航空树脂（SMC）、镀锌钢板包覆树脂膜以及瓷砖（石材）等铺贴。相比传统卫生间，整体卫浴具有防滑、防潮、防水、易清洁、安全卫生、施工方便和品质优良等优点。

整体卫浴龙骨较大，完成面需要一定厚度，对卫生间净面积、净空有一定影响，需要方案及精装设计提前考虑。整体卫浴的底盘模具需要定制，更适用于标准化的卫生间模块。

26 近年来选择在装配式建筑中推广整体卫浴的主要动机是什么?

答:

在国家强力推进建筑产业化、装配式建筑的大潮中,整体卫浴从公寓、经济型连锁酒店等精装修领域的应用逐步向商品房卫浴发展。近年来,一些大型房地产企业认可并在自己的住宅产品中使用了整体卫浴。这是因为住宅产品中的卫生间模块易于标准化、模块化,并且在国家评价标准中的装配率得分项中,整体卫浴有 12% 的占比。

整体卫浴是最适用于装配式建筑的卫浴形式,基本与市面卫浴装修价格持平。

传统卫生间的主要缺陷在于:卫生间大批量施工,用传统方式一直未能找到对渗、漏、跑、坏等"建筑之癌"的根本性解决方案。主要问题体现在:由于传统泥瓦匠施工方式与材料选配的问题,导致卫浴的使用质量无法保证;装修采用湿法施工,周期长,效率低下;瓷砖施工对环境有污染;传统卫浴装修缺少完整的售后服务,物业管理困难,后期维护成本高。

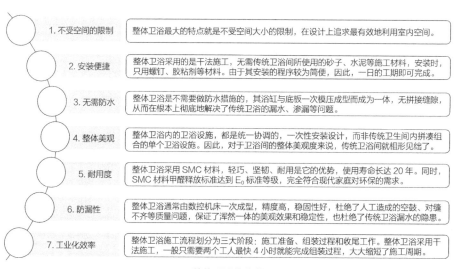

1. 不受空间的限制 — 整体卫浴最大的特点就是不受空间大小的限制,在设计上追求最有效地利用室内空间。

2. 安装便捷 — 整体卫浴采用的是干法施工,无需传统卫浴间所使用的砂子、水泥等施工材料,安装时,只用螺钉、胶粘剂等材料。由于其安装的程序较为简便,因此,一日的工期即可完成。

3. 无需防水 — 整体卫浴是不需要做防水措施的,其浴缸与底板一次模压成型而成为一体,无拼接缝隙,从而在根本上彻底地解决了传统卫浴的漏水、渗漏等问题。

4. 整体美观 — 整体卫浴内的卫浴设施,都是统一协调的,一次性安装设计,而非传统卫生间内拼凑组合的单个卫浴设施。因此,对于卫浴间的整体美观度来说,传统卫生间就相形见绌了。

5. 耐用度 — 整体卫浴采用 SMC 材料,轻巧、坚韧、耐用是它的优势,使用寿命长达 20 年。同时,SMC 材料甲醛释放标准达到 E_0 标准等级,完全符合现代家庭对环保的需求。

6. 防漏性 — 整体卫浴通常由数控机床一次成型,精度高,稳固性好,杜绝了人工造成的空鼓、对缝不齐等质量问题,保证了浑然一体的美观效果和稳定性,也杜绝了传统卫浴漏水的隐患。

7. 工业化效率 — 整体卫浴施工流程划分为三大阶段:施工准备、组装过程和收尾工作。整体卫浴采用干法施工,一般只需要两个工人最快 4 小时就能完成组装过程,大大缩短了施工周期。

整体卫浴的优势

27 目前对于商品房项目，装配率得分项目如何选择？

答:

主体结构的预制程度直接关系到建筑单体的加工、施工速度及其复杂程度，且在装配率得分中的占比最大，因此确定主体结构技术方案是最重要的。

（1）竖向墙柱均现浇

该方案实施预制水平构件，构件相对简单，成本相对较低，施工难度低、速度快。为保证主体结构的最低分值20分，水平构件的应用比例需满足80%，这意味着部分不适合做叠合板的区域，如异形板区域、管线交叉多的公共区域、连廊等都应布置预制板；同时内装部分增加得分项。

干法地面、集成厨卫、管线分离等，存在设计施工可行性，但应在前期对建筑方案、精装设计提出一定的要求。装配式内装的设计、施工、招标采购、成本会与普通装修存在差异，成品效果需得到营销部门的认可，对项目的流程和管理要求较高。

（2）竖向构件预制

若采用竖向构件预制，预制构件的材料费和施工措施费均有较大幅度提升，相对现浇结构的成本增量约为300~500元/m^2，装修和管线项目的得分会相对减少。

装配式建筑计分表（国家）

项目		指标要求	计算分值（分）	最低分值（分）	说明
主体结构（50分）	柱、支撑、承重墙、延性墙板等竖向构件	35% ≤比例 ≤ 80%	20~30	20	竖向结构预制会增加进度、成本、质量的管理、把控难度
	梁、板、楼梯、阳台、空调板等构件	70% ≤比例 ≤ 80%	10~20		①构件简单、成本较低，施工难度低、速度快；②应用比例若达到80%，难度较大
围护墙和内隔墙（20分）	非承重围护墙非砌筑	比例≥ 80%	5	10	外围护墙体与主体墙体接缝处的防水做法及施工质量应重点关注，减少外墙渗漏风险

项目		指标要求	计算分值（分）	最低分值（分）	说明
围护墙和内隔墙（20分）	围护墙与保温、隔热、装饰一体化	50% ≤比例≤ 80%	2～5	10	①夹芯保温外墙板应用较多，结合主体结构第一项一同得分。但在建筑外立面复杂或地区产业化经验较少的情况下，实施落地难度增加；②预制混凝土外挂墙板在住宅中应用相对较少；③公共建筑中可采用玻璃幕墙，或条板＋干挂石材＋保温
	内隔墙非砌筑	比例≥ 50%	5		易实现
	内隔墙与管线、装修一体化	50% ≤比例≤ 80%	2～5		①轻钢龙骨隔墙在高品质住宅中使用案例较少；②设置夹层墙会减少使用面积，不适用于小户型
装修和设备管线（30分）	全装修	—	6	6	
	干式工法的楼面、地面	比例≥ 70%	6	—	①目前干式工法的地砖和石材做法成熟度有待进一步提升；②干法地面对净高有一定影响
	集成厨房	70% ≤比例≤ 90%	3～6		对招标采购、成本及用户使用习惯有影响，有对应不同品质的产品线
	集成卫生间	70% ≤比例≤ 90%	3～6		对招标采购、成本及用户使用习惯有影响，有对应不同品质的产品线
	管线分离	50% ≤比例≤ 70%	4～6		管线主要集中在楼地面中，可结合干式工法地面、吊顶实现得分

　　是以主体结构为主要得分项还是以装配式内装为主要得分项的选择，应根据不同项目的定位、建筑功能、成本、工期等各种因素综合考虑。此外，部分地区采用预制外墙时，可获得容积率奖励，可在方案初期进行成本、货值和工期的因素比选，选择最终方案。

　　以上得分项的定义解读均为目前阶段的标准要求，具体实施过程中需结合当地最新要求进行判定。

part **3**

设计
相关问题

28 什么是标准化设计?

答:

标准化设计的目的是让建筑产品模块化、通用化,最终实现大规模定制化生产与安装,提高设计效率,保障设计品质,从而降低加工施工难度,提高劳动效率,减少成本。

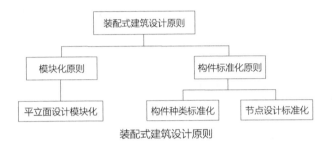

装配式建筑设计原则

标准化内容包括:户型模块标准化、厨卫模块标准化、核心筒模块(楼梯、电梯尺寸)标准化、房间开间尺寸标准化、门窗洞口标准化、立面做法标准化、构件标准化、后浇带模板标准化、层高标准化等。

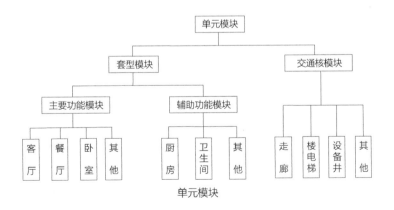

单元模块

29 什么是模数化设计？

答：

模数化的目标是满足建筑工业化的愿景，使不同的建筑构配件具有一定的通用性和互换性。装配式建筑应遵循模数化的原则进行设计，应符合现行国家标准《建筑模数协调标准》GB/T 50002 的规定，住宅宜符合《工业化住宅尺寸协调标准》JGJ／T 445 的规定，并应符合以下规定：

（1）房间开间、进深、门窗洞口宽度等宜采用 nM（1M=100mm，n 为自然数）。

（2）装配式装修的建筑净高和门窗洞口高度宜采用分模数列 nM/2。

（3）装配式装修的构造节点和部件的接口尺寸宜采用分模数列 nM/2、nM/5、nM/10。

设计过程遵循模数协调的原则，确定平面尺寸与种类，以实现建筑预制构件和内装部品的标准化、模数协调及可兼容性，完善装配式建筑产业化配套应用技术，提升工程质量。

30 设计相关的规范和图集有哪些?

答:

混凝土结构设计规范 GB 50010

装配式混凝土建筑技术标准 GB/T 51231

装配式钢结构建筑技术标准 GB/T 51232

装配式建筑评价标准 GB/T 51129

装配式混凝土结构技术规程 JGJ 1

钢筋连接用灌浆套筒 JG/T 398

钢筋连接用套筒灌浆料 JG/T 408

钢筋套筒灌浆连接应用技术规程 JGJ 355

钢筋机械连接技术规程 JGJ 107

装配式住宅建筑设计标准 JGJ/T 398

预制预应力混凝土装配整体式框架结构技术规程 JGJ 224

预制混凝土外挂墙板应用技术标准 JGJ/T 458

装配式混凝土结构表示方法及示例（剪力墙结构）15G107-1

装配式混凝土结构连接节点构造（楼盖结构和楼梯）15G310-1

装配式混凝土结构连接节点构造（剪力墙结构）15G310-2

预制混凝土剪力墙外墙板 15G365-1

预制混凝土剪力墙内墙板 15G365-2

桁架钢筋混凝土叠合板（60mm 厚底板）15G366-1

预制钢筋混凝土板式楼梯 15G367-1

预制钢筋混凝土阳台板、空调板及女儿墙 15G368-1

装配式混凝土结构住宅建筑设计示例（剪力墙结构）15J939-1

31 墙体竖向钢筋连接的主要方式有哪些？

答：

墙体竖向钢筋连接技术包括：套筒灌浆连接、浆锚搭接连接、挤压套筒连接、其他机械连接（墩头钢筋套筒连接、抗剪旋紧套筒连接等）、钢筋间接搭接连接等。其中，套筒灌浆连接的技术基础和试验研究相对成熟，在项目中的实践经验积累较多。

（1）钢筋套筒灌浆连接

套筒连接分为全灌浆套筒和半灌浆套筒。

全灌浆套筒透过中空型套筒，钢筋从两端开口穿入套筒内部，钢筋与套筒间填充高强度微膨胀结构性砂浆完成钢筋连接传力。灌浆料受到套筒的约束作用，加上本身具有微膨胀特性，以此增强钢筋、套筒内侧间的正向作用力，钢筋通过由正应力与粗糙表面产生的摩擦力来传递钢筋应力。

半灌浆套筒是一侧采用机械连接。半灌浆套筒接头尺寸较小，在国内应用广泛。半灌浆套筒采用优质结构钢，一端为空腔，通过灌注专用水泥基高强无收缩灌浆料与螺纹钢筋连接，另一端加工配置内螺纹，与加工好外螺纹的钢筋连接，是灌浆和直螺纹连接的复合连接接头，适用于不同直径钢筋的连接。

灌浆套筒技术生产工艺相对简单，在国外应用的成熟度高，目前为推荐的主流连接技术。

钢筋套筒灌浆连接

（2）钢筋浆锚搭接连接

浆锚搭接连接是将钢筋插入预制构件的预留孔内，然后向孔洞灌注水泥基灌浆料，利用钢筋与灌浆料之间的粘结力，将力从被连接钢筋传递给连接钢筋，从而实现钢筋搭接连接方式。直径较大的钢筋和直接承受动力荷载的构件的纵向钢筋不适宜采用浆锚搭接。

浆锚连接技术主要分为金属波纹管约束浆锚搭接和螺旋箍筋约束浆锚搭接两种。浆锚连接的下层墙板钢筋伸出长度偏长，易受运输高度限制，且若掰弯后很难再调直，影响后续施工，同时浆料相对于灌浆套筒用量更多，加工过程中约束浆锚成孔质量难以保证。

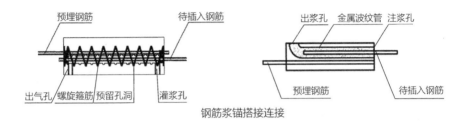

钢筋浆锚搭接连接

（3）钢筋套筒挤压连接

钢筋套筒挤压连接原理是将需要连接的两根钢筋端部插入钢套筒内，利用挤压机压缩钢套筒，使套筒产生塑性变形，靠变形后的套筒与带肋钢筋的咬合紧固力来实现钢筋的连接，一般可用于 18~40mm 的 HRB335、HRB400 钢筋的连接。

钢筋套筒挤压连接

套筒挤压连接的优点是钢筋无需精确对位，接头性能可靠，质量稳定，连接速度快。缺点是施工难度大，所需设备笨重；小直径钢筋的连接性能待考证，应用经验较少。

32 主体结构预制率达到 15%~40% 时，一般选择哪些预制构件？

答：

（1）只实施预制水平构件，如叠合楼板、楼梯板、空调板和阳台板，一般预制率可达到 10%~15%；

（2）在（1）基础上增加部分预制内墙板，可达到 15%~20%；

（3）在（1）、（2）基础上增加预制外墙板，可达到 30%~40%。

不同预制率构件组成表

估算预制率	15%	20%	30%	40%
预制外墙板			■	■
预制内墙板	■（部分）	■		■
叠合板	■	■	■	■
楼梯板	■	■	■	■
阳台板空调板	■	■	■	■

注：1. ■表示选用的情况；

2. 以上估算仅供参考，具体项目应根据实际测算选用。

33 装配式公共建筑的主体结构技术方案有什么特点?

答:

公共建筑根据建筑功能和轴网布置等特点,通常采用的结构体系是框架结构、框架剪力墙结构和框架核心筒结构。由于框架剪力墙和框架核心筒结构中,剪力墙通常承受很大的地震作用及倾覆弯矩,因此采用现浇更有利于保证结构的整体抗震性能。

当公共建筑的预制率要求较高时,有以下两种方案:

(1)装配式钢结构

钢结构的梁柱尺寸小,有效使用空间大且更灵活,可实现造型多样化和格局个性化。预制构件包括钢柱、钢梁、钢筋桁架楼承板、压型钢板混凝土组合楼板等。钢结构造价高,且后期装修和维护相对复杂。目前,各地鼓励推广采用钢结构建筑,主体结构构件的预制比例大,工业化程度高,且从施工方面评价,钢结构加工、施工工艺成熟,施工速度快,节省工期。

(2)装配式混凝土框架或框架剪力墙结构

竖向及水平构件均为预制,预制构件类型包括预制柱、预制梁、叠合楼板、预制楼梯等。

由于公共建筑往往有跨度大、局部大开洞、错层以及其他平面不规则的特点,因此 PC 方案设计、构件设计及构造设计都必须做到精细化、合理化。

梁柱均采用大直径、大间距配筋,现浇梁柱节点、主次梁连接节点等应重点深化设计。

34 叠合板密拼缝、窄拼缝、宽拼缝的各自特点是什么?

答:

从受力角度分析,叠合楼板的预制底板之间可采用整体式接缝,也可以采用分离式接缝。

从接缝的表现形式分析,预制底板之间的接缝可采用宽拼缝(整体式)、密拼缝/窄拼缝(分离式)。

叠合板按其受力形式分为单向板和双向板。通常按照跨度、板型(长宽比)等来确定受力形式。单向板板侧拼缝处施工简单,现场湿作业较少,采用分离式拼缝,双向板采用整体式拼缝。

(1)宽拼缝

宽拼缝对裂缝控制更有效,适用于跨度较大的双向板。但楼板四面出筋,预制构件边模无法标准化通用,施工时后浇段需支模,拼缝处钢筋易碰撞,因此加工和施工的难度大,但宽拼缝方案可以减少板底配筋及楼板变形量。双向板板侧拼缝采用受力钢筋搭接的连接形式,后浇带尺寸一般应大于 $20+L_a$(钢筋锚固长度)。

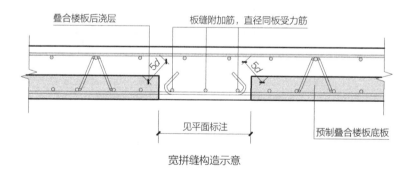

板缝附加筋,直径同板受力筋
叠合楼板后浇层
见平面标注
预制叠合楼板底板

宽拼缝构造示意

(2)窄拼缝

窄拼缝可避免上述宽拼缝做法中钢筋碰撞、边模无法通用的问题,但现场仍需要支模浇筑后浇带。适用于单向板,缝宽一般为 50~70mm。

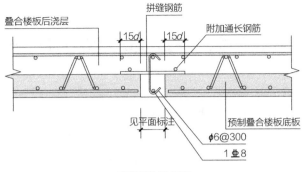

窄拼缝构造示意

（3）密拼缝

密拼缝的分缝处应采用有效的防裂措施。预制底板可采用下倒角或 5mm 压槽，安装、浇筑完毕后采用柔性抗裂填缝砂浆填实，再用柔性腻子 + 耐碱网格布处理。适用于跨度较小的单向板。

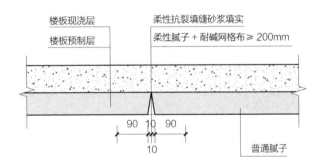

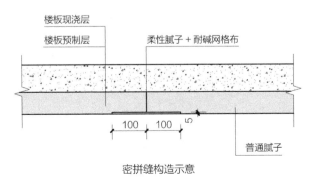

密拼缝构造示意

35 叠合板的尺寸、预制层及现浇层的厚度一般是多少？

答：

叠合板跨度主要受预制底板脱模、起吊、运输、安装等短暂设计状况控制，通常，普通桁架钢筋叠合楼板跨度不宜大于 6.0m（预应力叠合楼板除外）。当桁架钢筋叠合楼板跨度过大时，在短暂设计状况下，易发生预制底板开裂、挠曲、破损等情况。

叠合板宽度主要受构件运输条件、叠合板布置方案等因素控制。叠合楼板板宽不宜大于 2.4m，板宽超过 2.4m 时，对构件运输车辆及运输条件要求较高。板宽也不宜过窄，否则会造成叠合楼板构件数量和楼板之间的接缝数量过多，影响构件安装的施工效率。

叠合楼板由下部预制混凝土底板和上部现浇混凝土叠合层组成。叠合楼板的预制底板厚度一般不小于 60mm。叠合板的现浇层应考虑叠合楼板的整体性、管线敷设、加工施工误差等因素，其厚度不小于 70mm；对于管线交叉集中区，不宜小于 80mm；公共建筑中若不考虑管线在楼板中预埋，现浇层厚度可取 60mm。

36 屋面层可否采用预制板？

答：

根据《装配式混凝土建筑技术标准》GB/T 51231—2016 的相关规定，屋面层及平面受力复杂的楼层宜采用现浇楼盖，当采用叠合楼盖时，楼板的后浇混凝土叠合层厚度不应小于 100mm，且后浇层内应采用双向通长配筋，钢筋直径不宜小于 8mm，间距不宜大于 200mm。

若从一层顶至屋面层均采用叠合板，可采用同一套支撑系统，避免为现浇屋面层单独配置不同的系统。此外，已经有项目实践了全预制屋面板，拼缝施工工艺复杂，有可靠的屋面防渗漏措施。

37 预制阳台板、预制空调板设计时的注意事项有哪些？

答：

在住宅产品中，阳台板和空调板一般为悬挑构件，阳台板外挑长度一般为 1.2~1.5m，空调板的外挑长度为 0.7~0.9m。阳台板和空调板可分别预制，也可将阳台板和空调板预制为一整块板。阳台栏板可随阳台板一同预制，也可采用带反坎的阳台板与预制栏板组合而成。预制阳台板、空调板具有现场施工简单、外表面平整度高等特点。

预制阳台板、空调板上部的受力钢筋在设计时应保证足够的锚固长度和保护层厚度，充分考虑结构安全富余度，施工时严格把控钢筋的连接构造要求。

预制阳台板

38 预制楼梯的种类有哪些？

答：

预制楼梯梯板表面无需二次抹灰，可减少现场钢筋绑扎、支模浇筑的工作量，质量易把控，是常采用的预制构件。

预制楼梯按梯板类型分为双跑梯和剪刀梯；剪刀梯跨度较大，重量大。

按预制范围分为带平台板预制和仅梯段板预制、平台现浇两种；带平台板的梯板运输难度大。

按受力形式分为板式梯段和梁式梯段。

梁式预制楼梯的受力特点与普通梁式楼梯相同，楼梯板可以减薄，可减轻大跨楼梯的构件重量。但模具制作难度大；现场施工较烦琐，节点连接工作量较大；且楼梯处净高减少，层高较低的住宅不建议采用。板式楼梯的上端节点为铰接支座，下端节点为滑动支座，支撑于两端的梯梁或墙上外挑牛腿

剪刀梯

上。相对于梁式楼梯，板式楼梯易实现构件标准化，使用更广泛。

梯段预制，平台现浇

带平台板预制

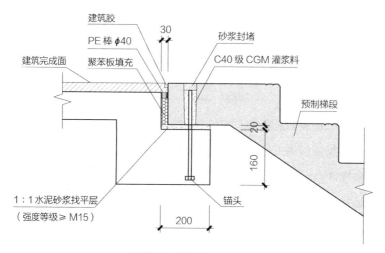

预制梯段固定铰端安装节点大样

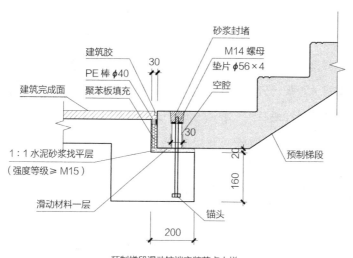

预制梯段滑动铰端安装节点大样

楼梯安装节点大样

39 预制楼梯设计时的注意事项有哪些?

答:

预制楼梯设计时,应考虑以下几个方面。

(1)设计细节:是否做滴水线、防滑槽做法、梯板与墙体之间的安装缝封堵措施、楼梯间的预留点位。

(2)建筑功能:栏杆样式及固定方案、楼梯表面是否贴砖、楼梯间防火墙的做法。

(3)结构受力:楼梯间一字形外墙的稳定性保证措施。

(4)其他:吊重(对于无竖向预制构件的项目,预制梯板重量可能成为 PC 构件吊重控制项)。

40 防火规范中与预制构件相关的规定有哪些？

答：

《建筑设计防火规范》GB 50016—2014（2018 年版）中相关规定如下：

"5.1.9 建筑预制钢筋混凝土构件的节点外露部位，应采取防火保护措施，且节点的耐火极限不应低于相应构件的耐火极限。

对于装配式钢筋混凝土结构和钢结构，其节点缝隙和明露钢支承构件部位一般是构件的防火薄弱环节，容易被忽视，而这些部位却是保证结构整体承载力的关键部位，要求采取防火保护措施。在经过防火保护处理后，该节点的耐火极限要不低于本章对该节点部位连接构件中要求耐火极限最高值。

3.2.17 建筑中的非承重外墙、房间隔墙和屋面板，当确需采用金属夹芯板材时，其芯材应为不燃材料，且耐火极限应符合本规范有关规定。

6.7.3 建筑外墙采用保温材料与两侧墙体构成无空腔复合保温结构体时，该结构体的耐火极限应符合本规范的有关规定；当保温材料的燃烧性能为 B_1、B_2 级时，保温材料两侧的墙体应采用不燃材料且厚度均不应小于 50mm。保温层与两侧的墙体及结构受力体系之间不存在空隙或空腔。

6.7.7 除本规范第 6.7.3 条规定的情况外，当建筑的外墙外保温系统按本节规定采用燃烧性能为 B_1、B_2 级的保温材料时，应符合下列规定：

1 除采用 B_1 级保温材料且建筑高度不大于 24m 的公共建筑或采用 B_1 级保温材料且建筑高度不大于 27m 的住宅建筑外，建筑外墙上门、窗的耐火完整性不应低于 0.50h；

2 应在保温系统中每层设置水平防火隔离带。防火隔离带应采用燃烧性能为 A 级的材料，防火隔离带的高度不应小于 300mm。"

41 预制夹芯外墙板外立面效果的实现方式有哪些？

答：

预制夹芯外墙板的外立面应减少凹凸造型或复杂的建筑线条，尽可能通过平整性、规律性实现韵律感。立面效果的实现方式主要有以下几种：

（1）真石漆或清水混凝土效果

外叶板立面平整，免去了外立面的二次抹灰工序，表面可选用简洁的真石漆涂料或清水混凝土效果。

（2）外饰面反打

外饰面的面砖或石材反打，质量好，面砖、石材的粘结性能较好，耐候性好。但外立面的整体平整度、水平及竖向拼缝的贯通一致性为施工难点，同时反打瓷砖或石材的构件成品保护难度较大。

外饰面反打

（3）幕墙系统

①预制非夹芯外墙板＋外围护幕墙：全封闭式的外幕墙体系本身就具备装配式施工的特点，且具备良好的外围护性能，因此可取消预制墙板的外叶板，避免围护结构的重复施工。

②预制夹芯外墙板中预留埋件＋少量轻型材质线条：立面上有少量轻型材质的线条时，可考虑在夹芯外墙板中设置埋件。但应减少外叶板的开洞、开槽，当必须设置穿透外叶板的受力埋件时，应重点把控设计及加工质量。在夹芯墙板中预留埋件，增大了加工难度，对拉结件、埋件的受力状态均有较大影响，不建议大量采用。

（4）设置悬挑板

悬挑阳台板、空调板等可作为幕墙龙骨、各类装饰板的支承着力处。

（5）其他

其他立面效果的实现方式有窗框周圈配置外凸线条（需细化窗框节点做法）、外叶板表面固定EPS线条装饰（耐久性有待考证）、外叶板表面规律性凹凸（内凹的造型相对于外凸更易实现，但内凹或外凸的深度均有严格限制）等。

42 飘窗的实现方案有哪些?

答:

（1）内浇外挂体系中的飘窗

预制挂板同飘窗、叠合梁一同预制。应注意施工图设计时，在结构主体计算中考虑预制飘窗外挂板的荷载及其对现浇梁刚度的影响。

（2）剪力墙板与飘窗一同预制

承重剪力墙板与飘窗一同预制，墙板的竖向受力钢筋外伸并连接。此方案的构件加工难度非常大，为复杂的立体构件，尤其对于夹芯保温外墙板而言，不建议采用。

（3）整体飘窗构件

上下层飘窗构件设缝，飘窗作为围护构件，通过外伸钢筋与结构主体连接。

（4）FRP飘窗

FRP飘窗板面在工厂加工，由FRP拉挤型材制作而成，现场植入化学螺栓，安装简易快速。

预制飘窗类型

43 预制混凝土外挂墙板的基本特点是什么?

答:

预制混凝土外挂墙板主要应用于框架剪力墙结构或框架结构,主体结构现浇,外挂板设置于主体结构之外。按保温构造不同分为单层外挂板和夹芯保温外挂板。单层外挂板厚度一般不小于 100mm,夹芯保温外挂板的内叶和外叶厚度均不小于 60mm。

外挂板按与主体结构的连接方式分为线支承外挂板和点支承外挂板。

（1）线支承外挂板

线支承连接方式是外挂板在顶部与梁线连接,在两侧与主体结构不连接,在底部与主体结构采用限位连接件。线支承外挂板的重力、竖向地震作用均由上部的线支承连接承担,一般通过外挂板的粗糙面和键槽传递剪力,由连接钢筋传递弯矩。

线支承外挂墙板的优点为:线支承外挂墙板上下层之间通过后浇混凝土连接,层间防水、防火、隔声性能较好。缺点为:①线支承外挂墙板会对主体结构的刚度产生一定影响;②线支承外挂墙板的承重节点不具备适应主体结构变形的能力,需要对非承重节点进行合理设计,使其构造能保证线支承外挂墙板具有随动性,以适应主体结构的变形。

（2）点支承外挂板

点支承外挂墙板与主体结构通过连接点连接,无多余自由度。承重节点一般为两个,非承重节点仅承受外挂墙板在风荷载、地震作用情况下的节点内力,一般为四个。外挂墙板可分为旋转式和平移式外挂墙板。

点支承外挂墙板优点为:点支承外挂墙板的受力明确合理。通过合理设计支承节点的位移能力,点支承外挂墙板能释放温度作用产生的节点内力,并适应主体结构变形,从而不产生附加内力,与主体结构的连接属于柔性连接。目前,美国、日本和我国台湾地区的外挂墙板主要采用点支承的连接形式。

缺点为：点支承外挂墙板与主体结构之间的缝隙需要进行封堵，封堵措施不当会影响防火、防水、隔声性能。

（3）外挂墙板接缝做法

外挂墙板之间接缝应设有构造防水及材料防水，以阻断室外水侵入室内。

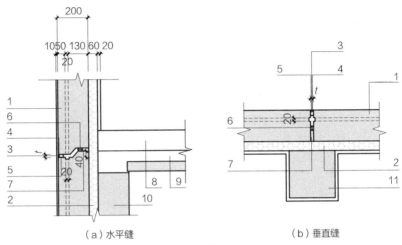

（a）水平缝   （b）垂直缝

外挂墙板水平缝和垂直缝

1—外叶墙板；2—内保温；3—外层硅胶；4—建筑密封胶；5—发泡芯棒；

6—橡胶气密条；7—耐火接缝材料；8—叠合板后浇层；

9—预制楼板；10—预制梁；11—预制柱

（来源：中华人民共和国住房和城乡建设部. 装配式混凝土结构技术规程：JGJ1-2014[S].

北京：中国建筑工业出版社，2014：97.）

44 外墙板的主要防渗漏措施有哪些?

答:

外围护结构的防水要点在于多道设防、有堵有疏、用可靠材料。防水构造主要采用结构自防水 + 构造防水 + 材料防水的防排水系统。

（1）接缝处构造防水为水平缝时宜采用企口缝或高低缝，垂直缝宜采用带空腔的竖向缝。

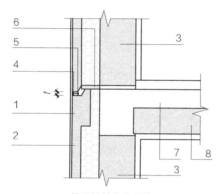

外围护结构水平缝

1—外叶墙板；2—夹芯保温层；3—内叶承重墙板；4—建筑密封胶；5—发泡芯棒；
6—岩棉；7—叠合板后浇层；8—预制楼板

（来源：中华人民共和国住房和城乡建设部. 装配式混凝土结构技术规程：JGJ1-2014[S].
北京：中国建筑工业出版社，2014：96.）

（2）防水材料主要采用发泡芯棒与密封胶；嵌缝材料需防水可靠，接缝宽度宜控制在 10~35mm，密封胶深度宜控制在 10mm 左右，可增加一层防水卷材或防水透气膜。

（3）预制构件与现浇段交接处的水洗粗糙面可确保预制构件和后浇混凝土连接密实，形成比较好的结构防水。

此外，窗洞口防水应在外叶板设置滴水凹槽或鹰嘴；外墙与窗框一体化成型，可有效防止洞口边接缝渗漏；屋顶及挑檐处防水密封措施得当，避免水灌入外叶板内侧的保温层；女儿墙与夹芯墙板交接处做好节点处理，避免水沿女儿墙渗入。

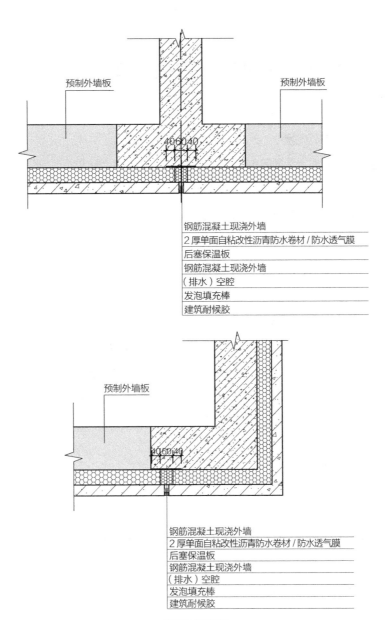

预制外墙板

预制外墙板

40 60 40

钢筋混凝土现浇外墙
2 厚单面自粘改性沥青防水卷材 / 防水透气膜
后塞保温板
钢筋混凝土现浇外墙
（排水）空腔
发泡填充棒
建筑耐候胶

预制外墙板

40 60 40

钢筋混凝土现浇外墙
2 厚单面自粘改性沥青防水卷材 / 防水透气膜
后塞保温板
钢筋混凝土现浇外墙
（排水）空腔
发泡填充棒
建筑耐候胶

接缝构造做法

45 内隔墙墙板挂重有哪些注意事项？

答:

（1）轻钢龙骨隔墙

轻钢龙骨隔墙上需要固定或吊挂重物时（隔墙上吊点挂重超过 15~25kg 时），应采用专用配件、预埋木方、加强背板、调整龙骨间距、在竖向龙骨上预设固定挂点等可靠措施。固定点采用石膏板膨胀螺钉、塑料飞机锚栓、金属空腔锚栓等。

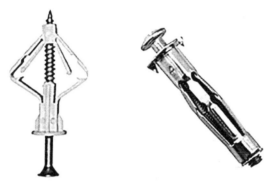

固定工具

（2）条板隔墙

当条板隔墙吊挂重物和设备时，不得单点固定，并应采取加固措施，固定点间距应大于 300mm。用作固定和加固的预埋件和锚固件，均应作防腐或防锈处理。条板墙体单点吊挂力不小于 100kg，空心条板墙上需实体灌芯。此外，条板的吊挂能力不仅与其自身力学性能有关，吊点的位置也需要注意，建议将支架安装于两块条板墙上。

46 是否采用同层排水对楼板的预制方案有无影响？

答:

同层排水是指在建筑排水系统中，器具排水管及排水支管不穿越本层结构楼板到下层空间、与卫生器具同层敷设并接入排水立管的排水方式。

传统异层排水额外占用了下层用户的吊顶空间且排水噪声较大，同时马桶及其他洁具的位置无法再调整，管道如需检修也要在下层空间进行，容易引发纠纷；同层排水可以规避异层排水的缺点，但架空层渗水、积水不易察觉，架空层内需填充大量材料。不降板同层排水需要设置排水汇集器和特殊的可调式配件才能实现，包括专用排水槽、地漏、后排水马桶和夹壁墙。

传统同层排水时建筑面层较厚，结构板降板，降板高度在 150~350mm 之间。异层排水和不降板同层排水无需结构降板，利于预制楼板合理布置和尺寸标准化。

47 预制构件的粗糙面类型有哪些?

答:

根据相关规范的规定,预制构件粗糙面的设置要求如下:

(1)预制板与后浇混凝土叠合层之间的结合面应设置粗糙面。

(2)预制梁与后浇混凝土叠合层之间的结合面应设置粗糙面,预制梁端面应设置键槽且宜设置粗糙面。

(3)预制剪力墙的顶部和底部与后浇混凝土的结合面应设置粗糙面;侧面与混凝土的结合面应设置粗糙面,也可设置键槽。

(4)预制柱的底面应设置键槽,柱顶面应设置粗糙面。

(5)粗糙面的面积不宜小于结合面的 80%。

现有预制混凝土构件粗糙面的生产工艺为下述四种:凿毛;拉毛;露骨料剂 + 水洗;PE 膜或边模花纹钢板粗糙面。凿毛工艺是指使用凿毛机在预制构件表面加工出粗糙面,施工过程粉尘飞扬,污染环境,费时费力,效率低,成本高。拉毛工艺采用人工拉毛,只适合无模具的挡边面,如在楼板上表面、梁上表面等处制作粗糙度。露骨料剂 + 水洗工艺采用露骨料剂涂抹于预制构件表面,然后进行水洗,相对工艺复杂,需设立专用水洗工位,废水需要处理后才能排放。为更利于工业化生产,部分构件厂中的粗糙面采用了边模花纹钢板粗糙面、PE 膜粗糙面等。

48 装配式建筑设计的大致流程是什么?

答:

装配式建筑强调集成设计,较现浇结构,参与方均宜提前介入到施工图设计中。采用装配式装修时,设计应达到内装部品制造加工的深度,应对材料选型、规格尺寸、安装精度等提出要求,并满足项目单位提交的内装建材、部品清单,含品牌、规格等相关执行标准。

➢ **PC 项目设计流程**

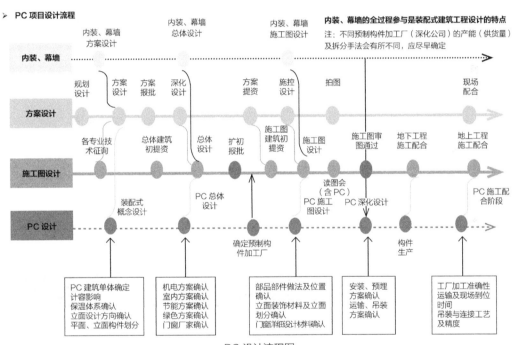

PC 设计流程图

49 装配式建筑设计各阶段的把控重点有哪些？

答：

（1）策划阶段：重点在于与政府相关单位沟通相关指标和流程，确定实施范围和结构体系，判定概念方案的合理性、是否采用新工艺，论证是否可获得奖励方案等。

（2）方案阶段：结合装配式技术、实施性要点，优化建筑平面、立面、剖面设计；确定预制率或装配率的技术方案；确定内装方案选型；确定机电专业系统。

（3）扩初阶段：确定 PC 构件种类和具体应用范围；结合精装设计敲定户型平面；估算装配率或预制率等指标；确定典型墙身；确定机电专业管线走向、配电箱位置；与工程部配合导入施工策划意见；完成技术方案评审。若无扩初阶段，则在方案阶段完成以上内容。

（4）施工图阶段：总说明中应增加产业化专项内容，明确装配率或预制率指标，涵盖所有结构、建筑的产业化节点，明确各类接缝做法，无漏项；图纸满足构件深化设计的要求；建议建立典型户型的各系统综合的三维模型。

（5）预制构件深化设计阶段：导入构件厂的优化意见；确认预埋件的布置（土建、精装、幕墙等专业要求，加工、施工单位的要求），成果图纸需提资方确认，原施工图设计方审核确认。

装配式建筑·全流程相关设计工作要点

方案设计	初步设计	施工图设计	构件深化设计	项目实施
1. 确定装配式结构体系，预制构件种类； 2. 明确装配式范围，结合任务书进行总图设计； 3. 采用装配式技术的栋型、户型设计； 4. 初算预制建筑面积，估算装配率	1. 平立剖面构件拆分设计、调整优化； 2. 装配式建筑预评价，核算装配率，编制装配率计算说明书等相关材料，报相关机构审核； 3. 主要装配节点构造设计； 4. 结构模型分析，优化布置； 5. 设备专业管线预留预埋	1. 编制装配式设计总说明； 2. 装配式平立剖面设计深化； 3. 装配式构造节点、大样深化设计； 4. 相关部品部件节能设计、计算、报审； 5. 装配率中绿建相关设计内容深化； 6. 部分县市需同步提供装配式建筑预评价表等报审	1. 根据建筑、结构、设备专业正式施工图，绘制构件加工详图及BOM清单； 2. 模具设计、生产排产、存放、运输等生产工艺分析； 3. 塔吊布置、吊装方案、外围护体系等施工工艺设计	1. 生产技术交底； 2. 吊装施工交底； 3. 生产质量控制，构件质量问题分析、解决方案； 4. 施工过程质量把控，吊装质量问题分析、解决方案

PC 设计各阶段把控要点

50 装配式建筑设计和咨询的主要模式及优缺点是什么？

答:

目前，市场上装配式建筑的专项设计咨询工作主要有两种模式。模式一：设计院做装配式设计咨询顾问；模式二：PC 构件厂做装配式设计咨询顾问。

模式一的问题：

受设计院的设计水平影响较大
无第三方校核，项目设计质量直接受设计院的技术水平和质量管理控制

对项目的设计管理流程不清楚
PC设计顾问，要求顾问单位具备完全的咨询顾问能力，不仅在技术上要专业，而且需要协助甲方进行整个设计流程的管理咨询，需具备一定的管理能力

对生产、安装环节了解不清楚
对于PC厂的生产工艺、运输以及现场安装环节了解不清，多数依据图集进行设计，不能把生产和安装的困难提前在设计阶段进行优化设计

问题

对甲方成本、招采工作流程不熟悉
由于目前设计顾问单位均出身于传统设计院，对于甲方成本、招采的工作流程不熟悉，不能协助甲方进行相应的构件厂等的招标配合工作

对构件的价格及成本构成不清楚
无法准确了解构件的成本影响因素，无法在设计阶段进行成本优化、降低项目成本

业务量大，对项目的投入度难以控制
目前市场装配式项目较多，对项目的投入度难以控制

设计院做装配式设计咨询顾问

模式二的问题：

设计前期介入困难，专业度不够
专业度不够，不能在方案设计开始就介入，前期无法充分的沟通和协调，造成各专业积重难返，会导致后期实施困难

构件厂容易出现本位主义
构件厂容易从自身效益出发，对于PC设计前期造价成本控制主观意识不强或专业度不够。如：预制率指标控制、优化配筋率等

对专项评审和审图环节不熟悉
构件厂一般没有设计资质，专业度和经验不足，容易在送审阶段出现沟通障碍，影响评审和出图时间，出图节点得不到保障

问题

对甲方成本、招采工作流程不熟悉
此项同设计院

PC构件厂对设计各专业的理解有限
工厂对设计各专业的理解有限，沟通不顺畅，相对来说只对生产工艺熟悉，而和设计院的其他专业之间协调配合，专业度不够较难提出设计优化措施。出现变更时，无法协调各专业，现场施工进度得不到保障

责任难界定
设计和生产都由构件厂来做，责任难以界定

PC 构件厂做装配式设计咨询顾问

推荐：选择既有设计经验又具备生产安装经验，且对开发商的开发流程和各阶段风险较为熟悉的单位作为装配式设计咨询顾问单位，这样才能有效地做到 PC 设计、制作和施工环节的互动以及各个专业之间的衔接。

51 构件详图设计分为哪几个阶段，设计深度包含哪些内容？

答：

构件详图分为施工图设计构件详图和加工制作详图两个阶段。根据《建筑工程设计文件编制深度规定》（2016 年版）的规定，两个阶段详图深度要求如下：

（1）结构施工图深度

预制构件明细表或索引图；

预制构件制作和安装施工的设计说明；

预制构件模板图和配筋图；

预制构件连接计算和连接构造大样图；

预制构件安装大样图；

对建筑、机电设备、精装修等专业在预制构件上的预留洞口、预埋管线、预埋件和连接件等进行设计综合；

预制构件制作、安装施工质量验收要求，安装施工的工艺、流程要求。

（2）预制构件制作详图深度

预制构件制作和使用说明，包括对材料、制作工艺、模具、质量检验、运输要求、堆放存储和安装施工要求等的规定；

预制构件的平面和竖向布置图，包括预制构件生产编号、布置位置和数量等内容；

预制构件模板图、配筋图和预埋件布置图等；

预制夹芯外墙板的连接件布置图和计算书、保温板排板图等，带饰面砖或饰面板构件的排砖图或排板图；

预制构件材料和配件明细表；

预制构件在制作、运输、存储、吊装和安装定位、连接施工等阶段的复核计算和预设连接件、预埋件、临时固定支撑等的设计。

52 加工制作详图设计中的主要提资方有哪些?

答:

构件加工详图是指导构件厂生产的图纸,精细化设计是关键,设计品质直接影响着生产效率和施工进度。

(1)详图设计基于施工图阶段的设计成果,需符合各专业的设计内容。包括:结构配筋及构造、建筑外饰面做法、墙身详图、幕墙埋件、窗框节点、洞口预留、特殊节点要求。

(2)详图满足精装设计的要求,精装提资应在详图绘制前稳定,精装施工图宜同步完成。

(3)详图应满足构件厂加工工艺的要求,包括:构件尺寸调整建议、钢筋调整建议、优化细部节点建议、材料替换需求等。

(4)详图应满足施工单位的施工工艺要求,包括:匹配施工机电管线路由、临时支撑、现浇段螺杆(模板体系)、接缝处企口宽度、施工电梯附墙、外防护架固定、临时加固做法、测量孔预留、吊装埋件(配合吊装方案)等。

53　加工详图需要哪些部门和单位的审核确认？

答：

加工详图在指导构件生产之前，需经过设计单位（含施工图设计和装配式顾问单位）、幕墙单位（若含有幕墙预埋件）、燃气单位（涉及燃气洞预留）、同层排水设计单位、铁艺设计单位（若含有铁艺预埋件）、构件厂生产单位、施工单位以及建设单位共同确认。

54　如何根据建筑面积估算 PC 构件总体积？

答：

在方案阶段，可通过基本数据规律估算项目所需的 PC 构件总体积。一般普通住宅建筑混凝土的用量为 $0.33{\sim}0.40\text{m}^3/\text{m}^2$。仅采用水平构件时，预制率在 10% 左右，因此 PC 构件总体积约为 $0.03{\sim}0.04\text{m}^3/\text{m}^2$；预制率在 20% 时，PC 构件总体积约为 $0.06{\sim}0.08\text{m}^3/\text{m}^2$；预制率在 40% 时，PC 构件总体积约为 $0.12{\sim}0.16\text{m}^3/\text{m}^2$。

55 PC 构件标准化程度对加工成本有何影响？

答:

　　PC 构件实现标准化可以减少构件的种类，提高同一套构件模具的重复使用次数。要使模具的费用占 PC 构件单价的 2% 以内，构件的重复次数应满足下表的要求（根据远大住宅工业有限公司构件厂提供的数据统计），重复次数越多，加工成本越低。数据仅供参考。

不同构件模具使用次数分析

序号	构件类型	分类说明	模具使用轮数
1	剪力内墙		30
2	剪力外墙	带保温	84
3	外挂板	不带保温	70
4	外挂板	带保温	48
5	叠合板	平板、无倒角	27
6	叠合板	平板、上倒角	39
7	叠合梁		168
8	楼梯		249
9	空调板	全预制、平板	60
10	异形阳台板、空调板		188
11	飘窗		164
12	PCF 板	L 形	283
13	柱		52

part 4

工程
相关问题

56 总包单位招标时的考核重点有哪些？

答：

（1）第一阶段

①投标人的资质、资金情况以及与招标项目类似的装配式建筑的施工经验（特别重要）。

②装配式建筑施工的总体规划。

③匹配施工进度的预制构件生产安排，如何合理采购预制构件。

④如何保证装配式建筑施工过程中预制构件运输。

⑤起吊和安装时安全有效的实施措施及如何配置预制构件、灌浆料等主要资源等。

⑥有类似的装配式建筑施工经验的项目经理。

（2）第二阶段

①综合单价的内涵是否完整。

②综合单价报价是否合理。

③预制构件的报价是否合理。

④工程量计算是否准确。

⑤措施费用是否合理等。

57 施工相关的规范和图集有哪些？

答：

混凝土结构工程施工规范 GB 50666

混凝土结构工程施工质量验收规范 GB 50204

装配式混凝土建筑技术标准 GB/T 51231

建筑工程施工质量验收统一标准 GB 50300

建筑工程施工质量评价标准 GB/T 50375

水泥基灌浆材料应用技术规范 GB/T 50448

装配式混凝土结构技术规程 JGJ 1

钢筋机械连接技术规程 JGJ 107

钢筋套筒灌浆连接应用技术规程 JGJ 355

钢筋连接用套筒灌浆料 JG/T 408

钢筋连接用灌浆套筒 JG/T 398

预制混凝土构件质量检验标准、装配式混凝土结构工程施工与质量验收规程（各地地标）

装配式混凝土剪力墙结构住宅施工工艺图解 16G906

装配式混凝土结构连接节点构造 15G310-1、2

58 工程部应在何时介入项目?

答:

（1）在方案和初步设计阶段，工程部参与项目设计讨论会，排查有无影响现场施工的关键点。比如：吊重限制、预制与现浇交接面的节点、关键部位防水做法、外架体系、模板体系、各单体施工顺序等。

（2）在施工图设计阶段，提前让施工单位和构件厂介入，对生产工艺和施工工艺提出要求，在设计前端予以考虑，避免后期修改造成工作量重复和时间延误。总包机电工程师提前梳理机电预留相关问题；提出平面图上堆场和运输车辆的要求、施工洞设置、吊装工艺对吊具类型的要求等。

59 哪些生产工艺会影响构件详图设计？

答:

（1）模台尺寸、养护窑尺寸

叠合板、预制内外墙板等主要预制构件的生产模台、养护窑入口高度等均有最大尺寸限制要求。以下为中建科技集团有限公司构件厂提供的 PC 生产线的模台、设备参数统计。

PC 生产线尺寸

生产线		尺寸			备注
		长（m）	宽（m）	高（m）	
叠合板线	模台	12	3.3		桁车3台，起吊重量为10t/10t/10t
	养护窑		4.1	0.63	
	立体养护窑		4.1	0.5	
	拉毛装置	3.5	1.9	0~0.9	
外墙板线	模台	10	3.5		桁车3台，起吊重量为10t/10t/10t；翻板机短边翻转，角度不超过80°
	预养窑	32	3.6	0.7	
	养护窑	12.92	3.6	0.7	
	立体养护窑		3.6	0.4	
	振动赶平机	3.4	1.68	0.35	
	布料机		3.5	0~0.55	
	收光机	2	1.2	0.17~0.35	
	翻板机	10	4.5		
内墙板线	模台	10	3.5		桁车3台，起吊重量为10t/10t/10t；翻板机短边翻转，角度不超过80°
	预养窑		4.1	0.63	
	养护窑		4.1	0.68	

生产线		尺寸			备注
		长（m）	宽（m）	高（m）	
内墙板线	立体养护窑		4.1	0.5	桁车3台，起吊重量为10t/10t/10t；翻板机短边翻转，角度不超过80°
	布料机		3.86	0~0.55	
	收光机			0.17~0.38	
	翻板机				
固定模台线	模台	10	4		桁车3台，起吊重量为10t/10t/10t；翻板机短边翻转，角度不超过80°
	翻板机				

（2）钢筋加工机器

焊网机、桁架机、弯箍机、调直断料机、套丝机等钢筋加工机器对钢筋的长度、间距及钢筋直径均有不同的限制要求。以下为中建科技集团有限公司构件厂提供的钢筋生产线参数统计。

钢筋生产线参数表

钢筋生产线（桁车2台，起吊重量均为5t）					
生产线	尺寸				备注
	短边（m）	长边（m）	钢筋直径（mm）	钢筋间距（mm）	
焊网机	≤3.3	≤8	≤12	50的倍数	钢筋不带弯钩
桁架机		≤14	≤12（上、下弦）；≤8（腹杆）	下弦间距70~90	腹杆筋焊点间距200mm，桁架钢筋高70~270mm
弯箍机	≤0.7		≤10		
调直断料机	≤0.82	≤8	≤12		
套丝机			16~28		

（3）材料采购

灌浆套筒型号、保温连接件种类、吊钉吊环样式等。

（4）固定模台与流水线的比例

异形构件、三维构件无法进行流水线生产。

（5）常见的生产工艺

如三明治墙板采用正打或反打工艺、楼梯采用侧式生产或平打生产。

（6）运输道路

施工现场及途中运输道路限高限宽、道路等级以及运输车辆型号尺寸对预制构件的最大高度、最大宽度及最大重量的限制。

60 设计交底时应该关注的主要内容有哪些?

答：

（1）基本要求：钢筋构造要求、企口设置要求、粗糙面要求、钢筋排布位置要求、钢筋能否截断如何补强、钢筋密集处及节点区的施工顺序等。

（2）节点要求：通用节点说明、特殊要求说明、大样图的解读。

（3）其他：重点难点和注意事项、特殊材料要求、产品和配件性能要求、非常规构件的说明、对构件加工质量的要求。

（4）反馈意见：构件厂及总包单位应提前熟悉图纸并及时反馈意见（是否存在无法加工或施工以及难度特别大的情况、图纸深度是否满足加工施工要求）。

61 预制构件从下单到进场的正常周期是多久？

答：

预制构件从下单到供货的周期一般在 80~110d。其中，45~60d 为构件加工图深化时间，10d 为模具设计时间，20~30d 为模具加工组装时间，4~7d 生产第一、二层构件（具体时间因构件类型、标准化程度、构件复杂程度等不同而存在差异）。

其中，深化图时间受施工图设计质量的影响较大，而深化图的深度、精细化程度及变更量直接关系到构件加工是否顺利。因此，把控设计质量、协调各参与单位共同校核，能有效避免因图纸问题导致构件加工延误或出现大量返工、剔槽等情况。以下是中建科技集团有限公司构件厂提供的总控计划表。

某项目生产总控计划表

阶段		业务事项	内控计划（d）周期
策划		生产方案报审	1
		生产方案下发相关部门并提交给甲方	1
		物料提料	5
技术交底		工厂内技术交底	1
		项目交底	1
首批供货		首件验收	1
		首批构件供货前，按合同约定完成预付款支付	7
出厂	试验资料	企业资质	1
		原材料复试	7
		混凝土相关资料	7
		灌浆套筒工艺检验	30
		夹芯保温墙板传热系数检验	60

阶段		业务事项	内控计划（d）
			周期
出厂	质检资料	首件验收	1
		过程检验记录	
		隐蔽验收	

构件生产周期排布表

阶段	业务事项	内控计划（d）
		周期
合同	合同交底	3
整体计划编制	生产总计划表编制	2
图纸	图纸深化资料提交	3
	深化设计及构件数量统计表（水平）	14
	深化设计及构件数量统计表（竖向）	30
	图纸会审与答疑	3
	图纸及构件数量统计表接收与发放	2
模具	模具配置	1
	模具制作计划	1
	模具设计	8
	模具制作（水平）	7
	模具制作（竖向）	15
	模台计划	3
	模具安装（水平）	1
	模具安装（竖向）	3
	模具验收及修改	2

62 构件验收时常出现的缺陷有哪些?

答:

预制构件出厂前应按照产品的出厂质量管理流程和产品的检查标准进行检验,记录存档,构件验收时应重点查验相关记录和验收合格单,构件出厂时应在明显部位标识生产单位、构件型号、生产日期和质量合格标志,尺寸偏差应符合相关要求,外观质量不应有对构件受力性能或安装性能产生决定性影响的严重缺陷,对于已经出现的严重缺陷,应按技术处理方案进行处理,并重新检查验收。缺乏相关试验报告的应补充。

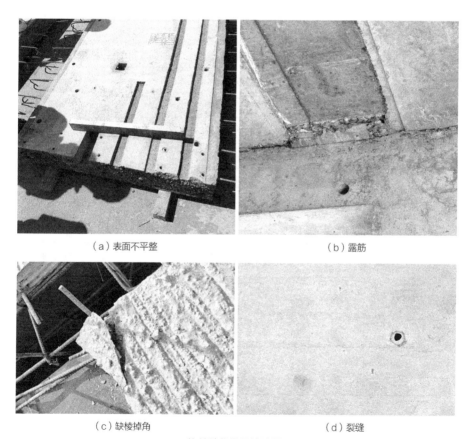

（a）表面不平整　　　　　　　　　　　（b）露筋

（c）缺棱掉角　　　　　　　　　　　（d）裂缝

构件验收常见缺陷图

（e）飞边　　　　　　　　　　　　　　　　（f）磕碰

（g）灌浆口堵塞　　　　　　　　　　　　　（h）尺寸偏差

（i）钢筋尺寸偏差　　　　　（j）构件堆放不规范，成品保护措施不到位

构件验收常见缺陷图

（k）粗糙面不达标　　　　　　　（l）进出浆孔设置混乱　　　　（m）夹芯墙板的保温板拼缝不严密

构件验收常见缺陷图

63 是否有必要驻厂监造？

答:

构件质量直接影响了现场安装进度，甚至可能因施工工期紧张，施工单位时间上不允许对缺陷构件进行更换，被迫放松了对构件厂的构件质量要求。因此，有必要进行驻厂监造，施工单位和监理单位可参与出厂检验。

驻厂监造过程中应监测质量、进度、信息化管控体系是否到位；材料进场检验和试验是否规范；有无暴力拆模等不当做法等。所有预制构件的外观质量、尺寸偏差、灌浆套筒及其连接钢筋的定位精度及套筒的通畅性、预制构件外伸钢筋的长度、定位、外伸段的平直度等相关内容，应在预制构件出厂之前完成检验，并由构件加工单位、驻厂监造监理人员和施工单位人员出具质量证明文件并签字确认后方可出厂。构件出厂之前的检验内容还应包含现行国家标准《装配式混凝土建筑技术标准》GB/T 51231—2016 第 9.7 节相关内容及其他相关标准或规程要求的内容。

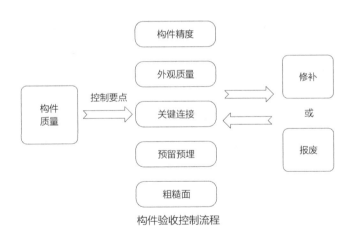

构件验收控制流程

64 施工组织设计中装配式专项的重点有哪些？

答：

施工组织设计的装配式专项设计有以下重点：

（1）塔吊的合理选型（关注吊重大的构件重量及分布位置）、构件临时堆场设计（减少二次倒运、方便卸货、避开施工洞和后浇带周边）、运车路线和道路加固设计（考虑车辆转弯半径、车辆长度、运输车辆的重量）、脚手架的选型、人货电梯的布置方案等。

（2）构件进场时间与生产进度的匹配，施工流水段划分和施工流向，施工总进度计划和主要单位工程进度计划。

（3）施工精度的保证措施，避免累积误差。

（4）工程质量和安全施工的技术组织措施。

（5）专项方案。

转换层施工方案（竖向钢筋定位措施等）、吊装方案（大跨度构件、特殊构件、超重构件、异形构件等）、灌浆工程（明确灌浆工序的作业时间节点、灌浆料拌合、分仓设置、补灌工艺、灌浆或坐浆工艺等）、后浇段模板及钢筋工程、支撑及维护体系、防水施工专项方案。如果有特殊构件如预制飘窗和预制外挂板，应有对应专项施工方案，并请设计单位复核确认。

若施工单位的类似施工经验欠缺，工程部可邀请行业专家并组织施工组织设计专项评审，及早发现施工风险点和可优化点。施工组织设计宜由施工单位的技术负责人、总监理工程师、甲方工程部审核后执行。

65 常见预制构件的安装流程是什么？

答：

一般情况下，墙板构件的吊装时间在 0.5h 左右，叠合板的吊装时间在 15min 左右，预制楼梯的吊装时间在 15min 左右。

（1）预制墙板施工工序

清理安装基础面→外墙外侧封堵条安放→构件底部设置调整标高垫片→构件吊装安放→安装斜向支撑及固定角码→构件调整对齐→连接点钢筋绑扎、管线敷设→接缝周围封堵→灌浆→现浇连接段模板支设→现浇连接段混凝土浇筑→拆除支撑。

（2）叠合板施工工序

架设装配支撑→清理支座面→放置预制楼板→检查封堵预制构件接缝处→安装侧面和开口处模板→安装管线等预埋件→布设对接处配筋、附加配筋→敷设上层分布筋→湿润表面→浇筑混凝土→现浇连接段混凝土浇筑→拆除支撑。

（3）预制楼梯施工工序

预制楼梯板安装准备→弹出控制线并复核→楼梯上下口做细石混凝土找平→楼梯板起吊→楼梯板就位、校正→固定→连接灌浆→检查验收。

因为楼梯无建筑面层做法，安装控制重点是楼梯梯板顶面标高控制。

（4）预制叠合阳台板施工工序

预制叠合阳台板安装准备→弹出控制线并复核→阳台支撑体系施工→阳台板起吊、就位→阳台板校正→机电管线敷设→上铁钢筋绑扎→检查验收→浇筑混凝土。

66 施工阶段主要的管理流程是什么？

答：

（1）施工部署流程

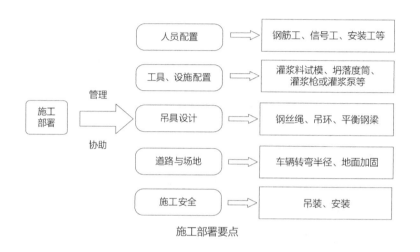

施工部署要点

（2）现场管理流程

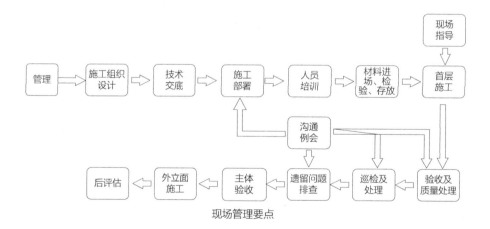

现场管理要点

（3）预制构件管理流程

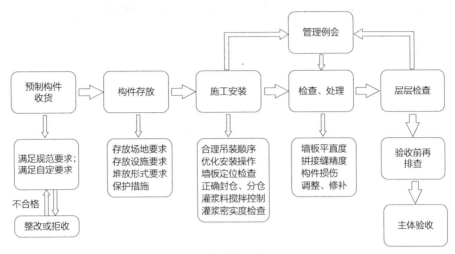

预制构件管理流程

67 装配式建筑的施工进度及控制进度要点是什么？

答:

（1）施工流程

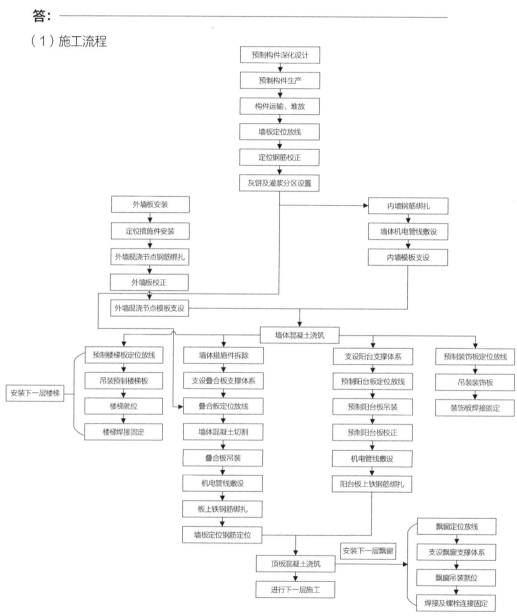

装配式建筑施工流程

在各单体结构工程施工中，先安装竖向构件墙体，然后通过预制墙体间现浇段连接成整体；水平构件中预制叠合板安装与楼板现浇依次施工，通过叠合层混凝土浇筑形成整体；预制楼梯板随层安装。以下为某工程的施工进度安排。

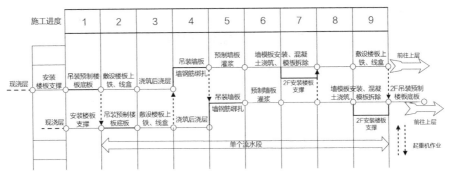

预制构件安装流程

某项目标准层工序时间参考表

项目	时间	1日	2日	3日	4日	5日	6日	7日
楼层放线	0.5d							
钢筋清理校核	0.5d							
墙板吊装及斜支撑安装	1d							
电梯井、楼梯间、走道现浇墙体钢筋绑扎	0.5							
墙体精调及灌浆	1d							
节点钢筋绑扎	0.5d							
现浇墙体、节点模板支设	0.5d							
墙体与节点混凝土浇筑及养护	1d							
叠合板（含阳台板）支撑安装	1d							
叠合板（含阳台板）吊装	1d							
水电管线安装	0.5d							
顶板钢筋绑扎	0.5d							
墙体封缝	0.5d							
楼板混凝土浇筑及养护	1d							

（2）控制进度的要点

①构件加工单位、施工单位应在设计阶段提前介入，避免后续因加工、施工工艺要求而造成重新修改设计或优化图纸。

②总包单位提前熟悉设计图纸，排查施工重点难点，编制完整的施工组织方案并得到设计认可。

③预留足够的模具、原材料的备货时间，制定意外情况发生后的应急预案。

④厂家、总包的相关检验和试验应尽早完成。

⑤做好构件的进场验收。

⑥主体和内装交叉施工。

⑦控制冬期混凝土浇筑的工程量。

68 施工质量的管控重点有哪些？

答：

目前，部分施工企业的装配式建筑实施经验有限，因此在项目开展中需要花费大量的工期来摸索尝试，质量不可控。项目中期或许有所好转，但由于施工方法、管理方式等不先进，工期依旧达不到最理想状态；施工出现的问题，可能全楼一错到底；并且施工企业对设计图纸不能纠错与改进，对构件加工不能提出合理意见。以下列举了部分装配式建筑施工常见的质量问题：

（1）施工相关技术和管理人员问题

所有参与现场施工的管理人员和技术人员应开展严格的管理和技术培训，培训合格后方可进行施工，总包单位应制定详细的培训和考核制度。选用有经验的、专业化的灌浆队伍和产业工人，相关队伍和人员的资历、经验等应报建设单位、监理单位认可后进场施工。

（2）技术方案策划不合理问题

塔吊布置不合理导致施工效率、经济性欠缺；脚手架方案问题；构件堆场杂乱；构件吊点布置不合理；吊具产品质量问题；大跨度板的支撑方案不合理；楼板的整体支撑方案需优化等。

构件堆放不合理

吊点设置不合理

（3）施工工艺不规范问题

外叶墙板胀模；交接层凿毛未清理干净；外伸箍筋截断；墙体纵筋绑扎不满足设计构造要求；封浆材料削弱结合面抗剪能力；封浆料进入套筒；灌浆不密实；

楼板的后浇段胀模、养护时间不足提前拆除支撑系统等。

（4）施工精度问题

转换层钢筋定位精度、钢筋外伸长度不足等；墙面垂直度不满足要求，产生累积误差；外叶板接缝处宽度误差较大，导致接缝处防水工程施工质量不达标且影响建筑立面美观；楼板浇筑超厚等。

（5）成品保护措施问题

（6）安全生产管理问题

工人操作不当；设备检查不到位等。

预制构件加工和现场施工开始之前，总包单位应提供完整的构件加工和现场施工技术方案（含管理制度、技术和工人培训方案、主要构件加工工艺方案、主要施工工序工艺方案、加工和施工质量控制专项方案、检验和验收制度等），报建设单位、设计单位、监理单位审核，经审核确认后方可开始构件加工和现场施工。

应选择具有实际装配式工程经验的监理团队参与项目的全面质量监管工作。监理单位在开展工作之前，应提交完善的监理大纲，并对影响建筑质量的关键产品、构件、工序，制定全面的监督管理措施和制度，并严格执行。

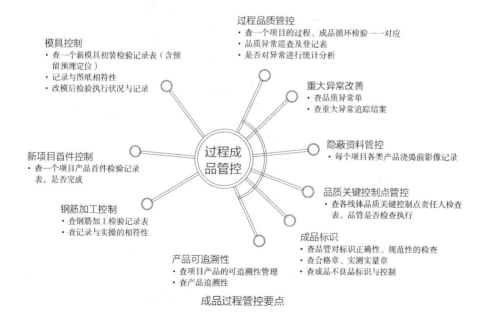

成品过程管控要点

69 如何保证灌浆饱满？

答: ────────────────────────

（1）制定完整、合理的方案

现场开展套筒灌浆施工前，施工单位应针对墙板安装最大尺寸偏差、墙板内外侧封浆工艺、防漏浆措施、封浆材料、灌浆分区等编写施工控制方案，并报建设单位、监理单位审核。施工单位应制定灌浆过程中各项质量问题应急处理方案，如出浆孔不出浆、封浆部位漏浆等。

封浆措施应安全可靠；灌浆区段较长时是否分仓应根据浆料特性和机械使用、施工工艺进行论证；灌浆过程中应设置观察孔；关注是否液面回流、是否漏浆；漏浆需及时补灌（半小时以内）；增加出浆孔处的补浆工艺工法等。

（2）加强培训

总包单位应对操作人员进行培训，提高操作人员对灌浆质量重要性的认识，从思想上重视灌浆操作，规范灌浆作业操作流程，熟练掌握灌浆操作要领及其控

灌浆观察孔

制要点。优先选用专业工人，设置工艺样板间供实操练习等。现场首段灌浆施工前，应组织建设单位、监理单位、设计单位现场验收并满足要求后方可开展灌浆施工。

（3）过程监控

预制剪力墙墙板构件出厂之前标注墙板唯一编号。灌浆施工过程中，监理单位需全程旁站并对灌浆施工的全过程进行录像和照相，以上影像资料需存档备查，作为隐蔽工程验收的核心资料。每个施工流水段或楼栋每层的影像资料经检查符合要求后，方可开展后续部分的灌浆作业。如缺失或遗漏录像资料，则可能需要进行破损抽样检查，且进行加固处理。施工单位应将套筒灌浆的工艺检验报告、型式检验报告、进场检验报告发相关单位审核。

70 冬季是否可以进行灌浆施工？

答:

目前，冬季灌浆技术尚不成熟，且应用的项目经验较少，不宜采用。普通灌浆的环境温度和套筒内实际温度不宜低于 5℃。采用低温灌浆料时，环境温度和套筒内实际温度不可低于 −5℃；温度也不宜过高，因为低温灌浆料采用特殊配合比，温度过高会影响其工作性能。

冬季灌浆的重难点不在于产品和试验，而在于配套施工工艺的保证。对应的施工措施费增量较大，否则无法保证灌浆质量。由于低温灌浆连接质量对周围环境变化非常敏感，因此大批量施工时连接质量的保证率相较于常温灌浆有所降低。

71 涉及吊装安全的主要因素是什么？

答：

（1）吊装施工的要求

①构件吊装的过程控制在于安全控制、误差控制、标高控制和垂直度控制。吊装方案中应将责任明确到每个人员，并进行安全教育，统一指挥协调，重点对塔机保险、限位、钢丝绳进行系统检查，对吊装梁、吊具、吊钩进行检查确保与吊装要求相匹配。安全员、塔吊信号工、吊索工、警戒人员提前进行沟通磨合。误差及标高、垂直度控制通过经纬仪、水准仪、靠尺、吊线检查，对于较难把握的部位应研发工具，靠工艺控制安装误差。

施工单位应对从事预制构件吊装及相关作业的人员进行安全培训与交底，明确预制构件进场、卸车、存放、吊装、就位各环节的作业风险，并制定预防发生危险情况的措施。

②预制构件卸车时，应按照规定的顺序进行装卸，确保车辆平衡，避免由于卸车顺序不合理导致车辆倾覆。

③预制构件卸车后，应将构件按编号或使用顺序，合理有序地存放于构件存放地，并应设置临时固定措施或采用专用插放支架存放，避免构件失稳造成倾覆。

④遇到雨、雪、雾天气，或者风力大于 6 级时，不得进行吊装作业。

⑤塔吊选型注意考虑吊具重量。

（2）吊装的正确姿势

①楼梯

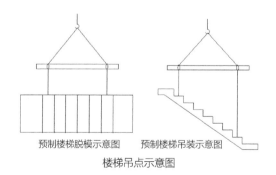

预制楼梯脱模示意图　　预制楼梯吊装示意图

楼梯吊点示意图

②叠合板

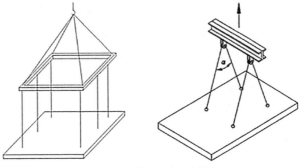

叠合板吊装及吊点示意图

③叠合梁

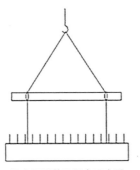

叠合梁吊装及吊点示意图

④墙板

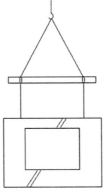

墙板吊点示意图

（3）吊装重点关注事项

吊装安全应重点关注三个方面：吊重控制和荷载取值；吊点设计与吊装方法的合理性；吊装预埋件产品的质量、检验要求及检验结果。

重点关注的构件包括：大跨度楼板、梁上有开洞的墙板、吊点周边有洞口的墙板、双洞口大型超长墙板、超过 5t 的墙板、带反坎的立体阳台板或凸窗板、吊装过程中从平躺到直立需要翻转的构件。

深化图纸的吊装相关设计内容、吊装方案、吊具的检验报告等应报相关单位审核。

72 构件安全运输有哪些要求?

答:

构件运输前需要完成所有出厂质量检验，验收合格后方可运输；应根据现场的吊装计划制定构件运输方案，并严格按照运输方案管理运输过程，同时应重点把控以下要点：

（1）对于超高、超宽、形状特殊的大型预制构件、薄壁构件、饰面反打构件、窗户预埋构件的运输和存放应制定专门的质量安全保证措施。

（2）运输时宜采取防护和成品保护措施，避免运输过程中的磕碰。

（3）外墙板应采用立式运输，外饰面层应朝外；梁、板、楼梯、阳台宜采用水平运输。

（4）采用靠放架立式运输时，构件与地面倾斜角度宜大于 80°，构件应对称靠放，每侧不大于 2 层，构件层间上部采用木垫块隔离。

（5）采用插放架直立运输时，应采取措施防止构件倾倒，构件之间应设置隔离垫块。且应有可靠的稳定措施，用钢丝带加紧固器绑牢，以防构件在运输时受损。

（6）水平运输时，预制混凝土梁、柱构件叠放不宜超过 3 层，板类构件叠放不宜超过 6 层。

正确运输示例
（来源：预制建筑网视频号）

答:

（1）飘窗、阳台等悬挑构件的支撑问题。飘窗、阳台板为悬挑构件，构件安装后的下部支撑应在混凝土强度达到 100% 时方可拆除。阳台板的立杆支撑要储备 2 层，按每 2 层一周转进行施工。

飘窗安装

（2）操作人员不得以预制构件的预埋连接筋作为攀登工具，应使用合格的标准梯。在预制构件与结构连接处的混凝土强度达到设计要求前，不得拆除临时固定的斜拉杆、角码等。施工过程中，斜拉杆上应设置警示标志，并专人监控巡视。

（3）运输道路应加固，且应满足构件车的行驶和转弯半径；PC 构件堆场应位于车库顶板或硬化后的回填土上。

（4）其他：免外架结构体系中的屋顶挑檐等浇筑支模方式需专项设计。

74 施工过程中应组织几次验收，参加单位有哪些？

答：

（1）由建设单位组织设计单位、施工单位、监理单位及构件厂进行首件验收。

首件验收的内容一般包括构件尺寸、平整度、粗糙面、预埋件、预留钢筋、预留孔洞等控制项，还包含原材料检验报告、构配件型式检验报告、产品性能检验及隐蔽工程资料等，具体检验内容按照国家相关规范及标准执行。预制构件首件验收合格后方可大批量生产，经出厂检验合格后按施工组织计划将构件运送到施工现场。

（2）进场检验由监理单位组织施工单位、构件厂进行全数验收。

（3）施工单位首个施工段预制构件安装和钢筋绑扎完成后，建设单位应组织设计单位、施工单位、监理单位进行验收，合格后方可进行后续施工。

（4）建设单位应在工程主体结构验收前，组织进行预制率验收，形成验收表。

（5）建设单位应在工程竣工验收阶段，组织进行装配率验收，形成验收表。

（6）项目在构件加工和现场施工过程中，建设单位组织监理、设计单位相关技术人员开展质量巡查，对发现的质量问题，总包单位应按照相关标准要求进行整改或返工。

以上（3）、（4）、（5）条参考北京地区《北京市住房和城乡建设委员会关于加强装配式混凝土结构产业化住宅工程质量管理的通知》（京建法〔2014〕16号）中的要求。

75 工程质量监督机构的过程检查一般包括什么内容？

答：

工程质量监督机构过程检查的主要内容包括：对建设、设计、施工、监理等单位的质量行为进行抽查；对预制构件的成品实物质量及相关质量控制资料进行抽查；对预制构件安装、后浇混凝土施工过程中的关键工序、关键部位的实体质量及相关质量控制资料进行抽查。

随机抽查构件质量、堆放情况以及隐蔽工程验收资料。竣工验收时，重点抽查外墙板接缝处现场淋水试验报告、竖向连接钢筋灌浆影像资料的留存等。关注构件安装与连接、预制构件与现浇结构连接、防水处理等部位或环节、深化图纸的签字确认情况、施工组织设计的评审意见、技术交底和专项培训情况、管理人员规模、监理关键工序和部位的旁站资料、预制构件相关检验报告及预制构件进场验收情况。

76 对套筒、浆料、拉结件产品有什么要求?

答:

预制构件中的配件及材料直接影响结构安全和耐久性能,因此产品和材料的选择除应满足现行国家和行业标准外,总包单位还应在招标采购过程中将相关供应商的产品资料、技术参数、检验报告等报送相关单位审核,以便确认其是否满足本工程、设计的要求。配件生产的厂家较多,产品质量、技术服务水平参差不齐,应慎重选择。以下主要介绍套筒、灌浆料及保温拉结件的技术要求。

(1)灌浆套筒

套筒灌浆接头所使用的套筒一般由球墨铸铁或优质碳素结构钢铸造而成,或用合金钢机械加工成型,其形状大多为圆柱形或纺锤形。总体上可分为全套筒灌浆接头和半套筒灌浆接头两大类。灌浆套筒的相关性能要求应符合现行标准《钢筋连接用灌浆套筒》JG/T 398、《钢筋套筒灌浆连接应用技术规程》JGJ 355 的规定。

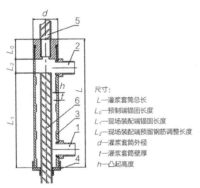

结合式半灌浆套筒结构示意图
1—灌浆孔;2—排浆孔;3—凸起(剪力槽);
4—橡胶塞;5—预制端钢筋;6—现场装配端钢筋

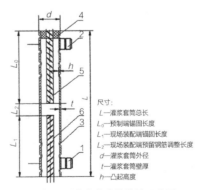

辊压型全灌浆套筒结构示意图
1—灌浆孔;2—排浆孔;3—凸起(剪力槽);
4—橡胶塞;5—预制端钢筋;6—现场装配端钢筋

(2)灌浆料

浆料应区分灌浆料、分仓浆料、封堵材料和坐浆材料。灌浆料是一种以水泥为基本材料,配以适当的细骨料,以及少量的混凝土外加剂和其他材料组成的干混料,加水搅拌后具有流动性大、早强、高强、微膨胀等性能。套筒灌浆应与灌浆套筒匹配使用,钢筋套筒灌浆连接接头应符合《钢筋机械连接技术规程》JGJ 107中Ⅰ级的规定,套筒灌浆料使用温度不宜低于5℃。灌浆料的相关性能要求应符合《钢筋连接用套筒灌浆料》JG/T 408、《钢筋套筒灌浆连接应用技术规程》JGJ 355的规定。

灌浆料在采购过程中,除应按照现行国家和行业标准开展相关检验并满足标准要求外,还应根据厂家提供的相关参数开展工艺试验。工艺试验内容包括:不同气温下灌浆料的初凝时间、灌浆料与套筒及预制构件的工艺匹配性、灌浆料初凝是否出现沉渣等。

建设单位在产品招标采购过程中,套筒及灌浆料宜采用同一厂家产品,或对套筒和灌浆料进行绑定招标采购,确保套筒和灌浆料的质量和匹配性。

(3)拉结件

夹芯保温外墙板的外叶墙只是作为保护层使用,外叶墙的自重完全由内叶墙承担,内叶墙和外叶墙的受力和温度变形完全独立,仅由拉结件连接,因此拉结件应具有较好的抗弯、抗剪强度以及足够的弹性和韧性。目前,国内应用比较成熟的拉结件产品主要有不锈钢拉结件和玻璃纤维拉结件。

纤维增强塑料(FRP)连接件一般采用矩形布置,间距400~600mm、距墙体边缘100~200mm。使用时所有的拉结件平行穿过保温板,两端分别锚固在内叶墙和外叶墙混凝土之中,设计时每个拉结件的挠度值须限制,且须保证有效的嵌入深度。FRP拉结件的锚固性能取决于连接件端头在混凝土中的包裹,因此,一旦发生加工时混凝土浇筑不密实、加工过程工人操作拉结件嵌入混凝土的深度不满足要求、后期外叶板混凝土局部损伤形成裂缝时,FRP拉结件局部的锚固易失效而带来安全隐患。

不锈钢拉结件的锚固性能相对更好,且与内外叶墙板的钢筋网片均有连接;但对于严寒地区或对节能效果要求更高的建筑,不锈钢拉结件的布置需综合计算墙板的热工性能。不锈钢拉结件一般分为片状和U形件,片状拉结件一般分为两个方向,U形限位拉结件一般为均布。

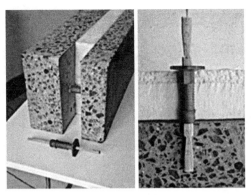

拉结件示意图
（来源：深圳市现代营造科技有限公司官网 http://www.xdyz.com.cn/productdetail/136.html）

不锈钢拉结件
（来源：哈芬公司官网 https://www.halfen.com/cn/3457/fa/）

　　保温拉结件产品除应满足设计图纸的要求外，产品供应厂家还应提供以下相关型式检验报告：外观质量、尺寸偏差、产品的材料力学性能检测、锚固性能检测、耐久性能（耐碱性能）检测、抗火性能检测。保温拉结件的出厂检验报告应包含以下内容：外观质量、尺寸偏差、产品的材料力学性能检测。

77 外叶板接缝的防水效果如何保证？

答：

（1）接缝处的施工质量控制

包括接缝宽度、接缝的平整度和定位精度、接缝两侧墙板外观质量、接缝内空腔整洁度等的控制。

（2）密封胶的质量

密封胶应与混凝土具有相容性，且接缝密封材料应当有足够的弹性适应层间位移和温度变形。因此，密封胶的最大伸缩变形量、剪切变形性、防霉性及耐水性等均应满足设计要求。

目前，对建筑密封胶未形成统一标准，质量差别较大，施工细节未完全成熟，应优先使用 MS 改性硅烷密封胶。防水密封胶除应满足现行国家和行业标准外，在采购过程中，相关供货单位的产品品牌、主要技术参数应报相关单位审核确认。

（3）密封胶施工

背衬材料（PE 棒）应塞入接缝一定深度，既能保证垂直空腔的形成，又能保证打胶的深度。打胶截面宜形成漏斗形，减少阳光直射，适应温度变形。打胶前应将接缝清理干净，两侧混凝土应无破损，避免高温下进行打胶作业。施工流程为：确认接缝→清扫施工面→填入衬垫材料→贴美纹纸→底涂处理→填充密封胶→修饰接缝→后处理。

（4）设置导水孔

建筑外墙横缝与竖缝交接处首层应设导水孔，首层以上宜每隔三至五层设导水孔（此导水孔位置在横缝与竖缝交接处以下 300mm 左右）。

粘贴美纹纸

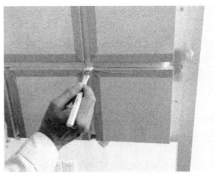

涂刷底料

填充密封胶

后处理

（来源：日本 KANEKA 集团提供）

答:

（1）预制底板内通常会设置桁架钢筋，以提高预制底板在脱模、吊装、运输等过程中的面外刚度，防止预制底板开裂。

（2）增强水平结合面的抗剪性能，一般来说非大跨度板，叠合面的受剪计算均满足要求。

（3）兼作上铁钢筋的施工马凳或直接作为叠合板吊点。

（4）部分桁架筋的上下弦筋替代板受力钢筋。

叠合板桁架筋示意

79 坐浆和灌浆的区别是什么?

答:

套筒连接的上下层预制墙体的安装缝,有两种密封形式:灌浆和坐浆。

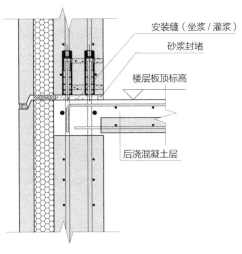

安装缝示意图

(1)灌浆(连通腔灌浆法)

灌浆法的工艺流程包括:测量放线→钢筋调直→基层清理→洒水润湿→设置标高控制垫片→墙板安装→设置斜支撑→调节水平位置→调节垂直度→封仓→养护→灌浆。

采用灌浆填实时,套筒连接区应采用强度不低于85MPa的高强灌浆料,非套筒连接区(如窗下墙区域)采用强度不低于40MPa的灌浆料。为避免不同强度浆料使用位置错误,建议套筒区和非套筒区的灌浆料采用统一强度,以降低现场实际管控难度。外侧封堵和分仓应采用封浆料。

(2)坐浆

坐浆料应采用强度不低于40MPa的浆料。

坐浆法的工艺流程包括：测量放线→钢筋调直→基层清理→洒水润湿→设置标高控制垫片→铺设坐浆料→安装定位角码→墙板安装→设置斜支撑→调节垂直度→灌浆。

（3）优缺点对比

灌浆工艺中，需要提前使用封浆料对墙板底部四周进行封仓，由于该工艺对封仓的深度、强度都有严格的要求，因此施工难度较大，容易出现密封不严而导致灌浆时底部漏浆的隐患。而在坐浆法工艺中，墙板安装前直接使用坐浆料铺设底部，通过抹刀修正形成中间高两边低的断面后能保证底部接缝的饱满，操作上也简单直观，便于控制；坐浆法更省工期和节约成本，但坐浆法对坐浆料的性能要求比较特殊。

灌浆法与坐浆法对比分析

项目	灌浆法	坐浆法
费用	灌浆料比坐浆料单价高	用料较多但单价较便宜
关键点控制	封浆时需采取措施保证不进入套筒，对于结构缝或其他封堵难以施工的区域，漏浆风险较大，灌浆质量难保证	需采用特殊工具保证坐浆料不进入套筒
施工质量控制	受封堵措施和浆料质量影响较大	受浆料质量和配合比、界面湿润度等影响较大； 浆料铺设时间应与塔吊吊装匹配； 墙板调直及安装工艺应细化，否则会造成返工，且影响坐浆层密实度
时间	工序相对较多	更省工期

80 墙板水平钢筋弯折锚固或搭接（墙板外伸"开口水平筋"）和水平封闭锚环搭接或锚固（墙板外伸"闭口水平筋"）的区别是什么？

答：

预制墙体的水平筋在竖向现浇段处，其连接方式有两种：水平钢筋弯折锚固或搭接、水平封闭锚环搭接或锚固，俗称分别为"开口水平筋"和"闭口水平筋"。"开口水平筋"形式所需的现浇段长度较长，但"开口水平筋"更利于现浇段纵筋的错开连接和箍筋绑扎。"闭口水平筋"处的现浇段纵筋连接只能采用100%一级机械接头连接，因此不宜采用小直径钢筋。

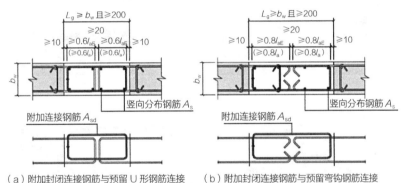

（a）附加封闭连接钢筋与预留U形钢筋连接　（b）附加封闭连接钢筋与预留弯钩钢筋连接

墙板水平钢筋连接方式

（来源：中国建筑标准设计研究院. 装配式混凝土结构连接节点构造（剪力墙）：G310-2[S].
北京：中国计划出版社，2015：22，17.）

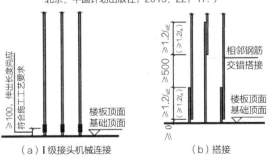

（a）I级接头机械连接　　　　（b）搭接

机械连接与搭接的区别

（来源：中国建筑标准设计研究院. 装配式混凝土结构连接节点构造（剪力墙）：G310-2[S].
北京：中国计划出版社，2015：22，17.）

81 什么叫正打，什么叫反打，各有什么优缺点？

答:

反打工艺是预制墙板的外表面处于底模面，可保证外表面浇筑质量的平整性。

正打工艺是预制墙板的内表面处于底模面，与"反打"正好相反。

反打工艺

正打工艺

正打与反打在加工工序和工艺上有较大差别。反打工艺先浇筑外叶板，布置保温板及拉结件，再浇筑内叶板；正打工艺则反之。

面砖和石材一体化生产只能通过反打工艺实现，即通过预铺各种花纹的衬模使在浇筑外叶墙的同时一次性将外饰面的各种线型及质感做出来。

正打与反打的区别

项目	反打	正打
特点	可保证外立面的平整度，或实现饰面一体化成型	外立面人工成型，适合有外保温作业的立面
套筒通畅性	墙内侧注浆孔和出浆孔的导管可以伸出墙外，套筒不易堵塞 	墙内侧注浆孔和出浆孔的导管不能伸出墙外，需加强密封措施保证浇筑的混凝土不进入套筒
其他	可采用平板脱模或翻转脱模，脱模埋件可埋置于内叶板	脱模应采用翻转脱模，如采用平板脱模，宜设置穿透保温和外叶的埋件

　　正打工艺用磁盘把所有埋件和注浆孔、出浆孔吸附在模台上，降低了表面收光的难度，生产效率相对较高。但在现有的加工管理水平及工人素质条件下，采用正打工艺的预制墙板，其灌浆套筒的通畅性不易保证，在构件出厂之前应详细检查套筒的通畅性。

82 是否设置装配式样板间?

答:

现场施工之前，应在施工场地附近搭设工艺样板房，可通过样板间对工人进行工艺工法的训练，并对样板房的各关键工序进行工艺评定和验收。样板房搭设过程中，水平缝外侧封浆、套筒灌浆、竖向后浇带模板支护和混凝土浇筑等各工序应拍照和录像，完成试验报告或工艺评定，并提交业主、监理、设计单位审核，验收通过后方可开展施工作业。

总包单位应制定预制外墙防水施工的专项技术方案，并在工艺样板房开展防水施工工艺评定，报相关单位审核，验收合格后方可作业。

装配式内装修施工前，应选择有代表性的空间单元和主要部品进行样板间或样板试安装，并应根据试安装结果及时调整施工工艺、完善施工方案，且应报各方确认。

装配式样板间

83 铝模体系的优缺点有哪些？

答：

铝模具有重量轻、拆装灵活、刚度高、使用寿命长、板面大、拼缝少、精度高、浇筑表面平整光洁、施工对机械依赖程度低、降低人工和材料成本、应用范围广、维护费用低、施工效率高、回收价值高等优点。

铝模系统可实现灵活组合，提高周转率，且拆装方便快捷，可有效缩短工期。

铝模板

对于楼梯构造柱、门窗过梁、止水反边、沉箱反坎等小尺寸二次构件可一次成型，效果良好，能有效地解决外墙、门窗、卫生间等的渗漏问题。采用铝模浇筑混凝土后也可以改善现场浇筑混凝土的施工质量，减少后期找平作业，混凝土表面具备直接喷刷涂料的条件。

铝模的单平方米成本比木模略高，但考虑到铝模的回收价值以及免抹灰、重复使用的优势，标准层层数越多，铝模的综合成本越低，30层以上的建筑有成本优势。

标准化的楼层和构件更利于铝模发挥其优势，这个诉求也与装配式建筑的目标一致，部分区域对于使用铝模体系也给予了政策鼓励和引导。

缺点及注意事项：铝模模具成型后再修改比较麻烦，对设计的精度要求更高，对变更或预留调整的容错性稍低。

part 5

成本
相关问题

84 装配式建筑大致的成本增量是多少？

答：

装配式建筑成本增量包含如下内容：较传统现浇混凝土结构，楼板增厚，埋件、施工支撑增加，为满足预制构件生产、运输、安装等产生大量措施费，还包括套筒灌浆费、打胶工艺费、成品保护费、大型塔吊费等。

（1）根据北京市《关于确认保障性住房实施住宅产业化增量成本的通知》（京建发〔2013〕138号），PC保障性住房的产业化增量成本参考值分别为436元/m²（高度60m以上，包括预制外墙）、409元/m²（高度60m以下，包括预制外墙）、115元/m²（高度60m以上，不包括预制外墙）。

（2）根据某项目数据，上海地区（预制率30%~40%）住宅采用预制夹芯保温外墙的产业化成本增量约为500元/m²，采用非夹芯保温外墙时的成本增量约为350元/m²。

（3）2018年施工的北京市某项目住宅产品（预制率40%，预制夹芯保温外墙板）产业化成本增量约350~400元/m²。

以上数据仅为参考，实际数据会因项目特点、技术方案选用、当地预制构件价格等因素出现波动。此外，勘察设计费（包含设计院设计费及构件厂深化设计费）、BIM咨询费、工程监理费等也有一定增加。

85 从运营的角度，如何看待装配式建筑成本增量？

答：

装配式建筑一般能享受当地提前预售、面积奖励等政策利好。

假如，30 层的高层住宅提前 2 个月销售，并获得现金流，销售单价 50000 元 /m²，银行融资利率 6%，提前卖楼收益 120000×6%×50000×2/12=60000000 元。可以弥补 500 元 /m² 的建造阶段增量成本。

假如，达到奖励标准，可有 3% 的面积奖励，楼面地价 35000 元 /m²，土建成本单方建安价按照 4000 元 /m²，奖励面积获取利润=3%×120000×（50000-35000-4000）=39600000 元。可以弥补 300 元 /m² 的建造阶段增量成本。

（以上数据仅是理想状态，仅为说明从运营的角度看成本增加）

86 装配式建筑与现浇建筑相比，土建材料增量体现在哪些方面？

答：

装配式建筑地上部分相较现浇结构，混凝土及钢筋量由于以下原因会有所提高：

（1）PC 剪力墙体系中，设计地震作用放大导致配筋增大。

（2）采用半灌浆套筒时的连接纵筋直径加大。

（3）考虑预制构件的标准化需求，对不同楼层、重复单元的相同位置处构件进行截面统一或进行配筋归并。

（4）接缝处满足抗剪计算的钢筋量增大。

（5）用于后浇段连接的水平及竖向钢筋量增大。

（6）叠合板比现浇板增加了厚度。

（7）PC 框架柱、框架梁由于安装施工需要，往往加大截面尺寸。

因此，从利于产业化实施的角度考虑，不宜完全按照原有现浇结构的地上混凝土和钢筋含量进行限额设计要求。

87 与现浇结构相比，装配式建筑主要成本减量的项目有哪些？

答：

现浇结构与装配式混凝土结构的成本主要区别在于直接费，包括人工费、材料费、机械费和措施费等。减量的项目包括：现浇部分的混凝土与钢筋、抹灰工程、模板工程、脚手架、规费、人工费等。

预制混凝土夹芯保温外墙板在现场安装就位后，夹芯墙板的外叶墙板可以作为现浇混凝土剪力墙外侧模板，从而达到取消外侧通高脚手架、外围模板及外立面抹灰的目的，提高施工速度。

预制混凝土叠合楼板采用部分预制、部分现浇的方式，现场仅需安装，无需全楼层模板，施工现场钢筋混凝土浇筑工程量较少，板底无需抹灰，消除了传统现浇楼板存在的现场施工量大、湿作业多、材料浪费多、施工垃圾多等问题。

混凝土楼梯是传统现浇工艺中耗时较大、绑扎钢筋难度高的工序，预制混凝土楼梯是在工厂里生产，现场仅需要安装、校正，能够大幅度减少现场绑扎钢筋作业，提高现场施工效率。

88 内隔墙板的价格如何?

答: ────────────────────

根据远大住宅工业有限公司提供的相关资料:

不同板材费用组成分析(元/m²)

材料类型	板材价格	运输费	安装费	界面或薄抹灰/批荡	水电开槽回填	辅材费	构造柱、梁、模板、钢网	机械费(2%)规费(3.5%)管理费(4%)利润(5%)	税金(材料15%,其他3%)	合计
砌筑抹灰120mm厚墙	28.00	10.00	18.00	40.00	12.00	5.50	15.00	15.72	8.05	152.27
砌筑抹灰180mm厚墙	45.00	15.00	21.00	40.00	12.00	8.50	20.00	20.81	11.35	193.66
蒸压钢筋陶粒混凝土墙板	80.00	10.00	35.00		5.00	12.00		20.88	15.32	178.20
蒸压加气混凝土墙板(ALC)	60.00	10.00	35.00	20.00	12.00	12.00		24.57	15.21	188.78
挤压混凝土墙板	50.00	12.00	35.00		5.00	12.00		18.25	12.10	144.35
泡沫混凝土墙板	80.00	10.00	35.00		12.00	12.00		21.75	15.52	186.27
发泡陶瓷墙板	140.00	8.00	35.00	20.00	12.00	12.00		33.14	25.00	285.14

注:墙板厚度统一按 100mm 计算。以上计算仅为参考。

89 整体厨卫的价格如何？

答: ————————————————————————

目前，市场上整体卫浴（4~5m²）的价格约为 12000~18000 元 / 套，与市面上传统卫浴装修的价格基本持平。

集成厨房（7~8m²）的价格约为 15000~20000 元 / 套。

以上报价均不含五金、器具、马桶等。

part **6**

招标采购
相关问题

90 国内主要区域内的构件厂如何分布?

答: ———————————————————————————

（1）京津冀地区

京津冀 20 家装配式生产企业市场调研

序号	企业名称	注册资本（万元）	企业性质	成立时间
1	远大住宅工业（天津）有限公司	10000	私企	2013
2	三一筑工科技有限公司	10000	私企	2012
3	北京建工新型建材科技股份有限公司	2500	国企	1997
4	正方利民工业化建筑科技股份有限公司	10000	私企	2009
5	中建科技（北京）有限公司	18000	国企	2016
6	河北顺安远大环保科技股份有限公司	—	私企	2018
7	北京住总万科建筑工业化科技股份有限公司	6400	国企	2013
8	天津工业化建筑有限公司	100000	国企	2013
9	天津远大兴辰住宅工业有限公司	18000	私企	2015
10	北京市燕通建筑构件有限公司	5000	国企	2013
11	北京榆构有限公司	15000	国企	1983
12	北京城建建材工业有限公司	2000	国企	1984
13	多维联合集团有限公司	31600	私企	1983
14	河北榆构建材有限公司	4000	国企	2010
15	中建二局安装工程有限公司	10000	国企	2007
16	中建科技天津有限公司	10300	国企	2007
17	中铁六局集团丰桥桥梁有限公司	30000	国企	2007
18	北京中铁房山桥梁有限公司	—	—	—
19	北京珠穆朗玛绿色建筑科技有限公司	2000	—	—
20	中国二十二冶集团有限公司	—	—	—

注: 仅供参考, 企业信息以官方公布为准。

（2）上海及周边地区

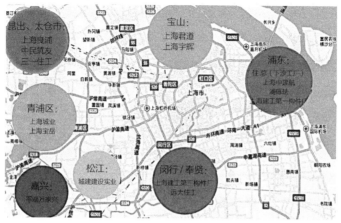

上海及周边地区构件厂分布图

上海及周边地区构件厂地址一览表

序号	单位名称	地址
1	上海城业管桩构件有限公司	上海市青浦区金泽镇商洋路 288 号
2	上海住总工程材料有限公司（下沙工厂）	上海市浦东新区沪南公路 4969 号
3	上海君道住宅工业有限公司	上海市宝山区锦伟路 438 号
4	上海中建航建筑工业发展有限公司	上海市浦东新区东塘路 684 号
5	上海建工材料有限公司第三构件厂	上海市闵行区江川路 850 号
6	平湖万家兴建筑工业有限公司	浙江省嘉兴市平湖市新埭镇
7	上海宝岳住宅工业有限公司	上海市青浦区天一路 888 号
8	上海城建建设实业集团新型材料有限公司	上海市松江区佘山泗陈公路 3770 号
9	上海良浦住宅工业有限公司	上海市宝山区蕴川路 2738 号
10	上海宇辉住宅工业有限公司	上海市宝山区罗东路 1957 号
11	远大住宅工业有限公司	上海市奉贤区新杨公路 860 号

（3）济南、青岛地区

济南地区构件厂一览表

序号	济南地区单位名称
1	山东汇富建设集团建筑工业有限公司
2	济南长兴建设集团工业科技有限公司
3	山东平安建筑工业化科技有限公司
4	中铁十四局建筑科技有限公司
5	中建科技（济南）有限公司
6	山东万斯达建筑科技股份有限公司
7	山东通发实业有限公司

青岛地区构件厂一览表

序号	青岛地区单位名称	单位地址
1	青岛上流远大住宅工业有限公司	青岛市棘洪滩街道锦宏西路 166 号
2	青岛新世纪预制构件有限公司	城阳区 204 国道河岭路 1 号
3	中民筑友建设科技集团山东公司	市北区山东路 168 号国际广场 21 楼
4	荣华建设集团有限公司	黄岛区中德生态园

（4）南京及周边地区

南京市及周边预制构件厂一览表

城市	工厂名称	地点	年产能（万 m³）
南京	南京大地构件厂	南京江宁区工业园	8
	南京中民筑友	南京江宁滨江经济开发区景明大街	30
	南京天固建筑科技有限公司	南京市江宁区禄口街道天禄大道 786 号	8
	江苏龙冠新型材料科技有限公司	南京市江宁区淳化青龙大道	8
	南京长江都市产业化公司	南京市江宁区周岗工业园	8
	江苏建构科技发展有限公司	南京市江宁区汤山街道上峰集镇	6
镇江	建华管桩厂	镇江句容	8
常州	常州砼筑建筑科技有限公司	常州市武进区牛塘镇	10
南通	云筑建工有限公司	南通市通州区平潮镇	10

91 构件厂考察重点包括什么内容?

答:

（1）产能

生产线是否为自动化生产线，通过观察、询问及结合其他构件厂的生产经验，用每条生产线的日最大产量可推算出每条生产线的年最大产量，进而估算出构件厂的年最大产量。

根据构件厂家的年签约合同构件量、年最大产量、签约合同供货周期可大致判断出构件厂的本年剩余产量，进而判断其现阶段是否能满足甲方新增项目产能及工期要求。

（2）信息化

每个构件是否有自己独特的编号或二维码，是否可通过电脑或手机掌握每个PC构件的动态，并向甲方开放全过程的信息。甲方通过手机端实时掌握构件生产、养护、运输、安装等各个阶段的情况，一旦发现部分构件有供应不及时的可能，可采取其他措施保证项目工期；对运输或安装过程中损坏的构件可通过信息化的手段及时找到替补构件。另外，通过信息化的管理，也可加快现场构件的调运、安装速度。

（3）场地

构件厂家对场地的储存能力要求较高，一般构件厂家会为项目提前生产出1~2层构件，但现场进度往往不可把控，一旦工期后延，会形成较大批量的构件存放难题。如同时存在多个项目工期延后，那么提前生产出的构件的存储和成品保护问题则需要密切关注。场地较大的构件生产厂家势必会占据一定的优势，而场地较小的构件厂家则有可能向甲方索赔由于工期延误造成的堆场费用。

（4）质量

查验构件厂是否有明确的质量管理规定，对生产构件的全流程有无形成文字的管理规章制度；是否有样板、封样室、实验室等；养护是采用自然养护还是蒸汽养护；生产线的工人管理方式如何等。

（5）工人

生产线的工人来源是否稳定，劳动力能否得到充分的保证，生产线的熟练工人占比多少。

（6）运距

运距为选择构件厂的重要因素之一，运距较远的构件厂会造成较大的成本浪费，运距是否在合理的范围内需仔细考虑。较远的运距除了成本因素外，还有时间因素，损坏的构件可能迟迟无法更换，严重影响工期。

（7）工厂构成

构件生产单位是否为甲方签约单位 100% 持股，若为多公司合股出资，需关注后期一旦出现履约问题时，签约单位的协调力度。应在招标前期同构件厂的主要负责人建立起有效的沟通机制，一旦发现问题，可确保得到有效的解决。

（8）科研

一个好的预制构件工厂一定注重自身的研发能力，考察时观察公司是否投入大量人力、物力、财力研发新技术、新工艺、新模式；公司的研发人员数量有多少；公司是否编制行业规范、是否出版相关专业书籍等。

（9）配合度与责任心

配合度至关重要，可以通过同行的调研，甄别出负责任、用心做事的构件单位。

92 PC 构件的采购模式有哪些?

答:

PC 构件的采购模式,目前市场有两种:

(1)由甲方直接采购,与总包、PC 构件厂签订三方合同

优点:

①甲方可以对 PC 构件生产质量进行直接管控,有利于质量的控制,有利于设计、加工及施工全流程协调管理,有利于在装配式领域的经验积累,促使后期装配式项目实现又快、又好、又便宜的目标。

② PC 构件的税率为 13%,总包单位的税率为 9%,由甲方直接采购可以多有 4% 的税率抵扣。

缺点:

①需协调 PC 构件厂的供货时间与总包施工进度匹配,如果 PC 构件厂供货出现问题会带来总包工期延误的索赔风险。

②对甲方设计和工程部人员提高了管理要求,需要有装配式管理经验的甲方管理人员参与。

(2)由总包直接采购

优点:

甲方需协调的工作减少,可降低由 PC 供货带来的索赔风险。

缺点:

①无法给甲方带来装配式项目开发有效的经验积累,如果总包无装配式施工经验,会给项目管理推进带来更大的难度。

②损失 4% 的税率抵扣。

目前,市场上 PC 构件的采购由甲方直接采购和放入总包合同采购两种方式基本各占约一半。建议:在装配式成熟区域,甲方直接与 PC 构件厂签订两方采购合同;在不成熟区域,放到总包合同中,由总包来采购。

93 PC 构件厂形成区域战略招标时，清单该采取何种计价方式？

答：

（1）计价方式。各项目根据深化设计图及年度战略协议价格签订总价包干合同。除甲方发出的变更及确认的签证外，包干总价均不予调整。无论工程量清单是否漏项或数量计算有误，包干总价均不予调整。除非另有说明，无论市场人工、材料价格及汇率如何变动，包干总价均不予调整。

（2）所有综合单价应包含但不限于人工、主材、辅材、材料损耗、机械、模具、工具、运输、材料装卸、现场堆放机具、成品保护等各类措施费以及缺陷修补、与其他专业工程配合、高温补贴费、管理费、利润、水电费、不可预见费、风险责任费、建安税金、规费、保险等所有直接、间接费用。所有综合单价均表示是按图纸及规范（含政府部门、专业设计师及顾问的特别要求）施工完成的。

（3）为了避免施工期间人工和材料价格波动幅度较大给乙方带来的部分风险，合同对且仅对钢筋、混凝土价格进行调差。

除非按合同所述的方式进行价格调整，其他任何材料、汇率的实际价格变化均不构成对最终结算价格作出调整的因素，其市场变动风险由乙方自行估计并承担。

①基准价：钢筋基价以各落地合同城市信息价为基准；混凝土基价是以各落地合同城市信息价为基准。

②结算价：价格调差施工周期内各月信息价的算术平均值。

③其中，钢筋各月信息价按钢筋等级计取，各级钢筋价格按规格型号取算术平均值作为当月信息价。

④价格调差施工周期：结算的钢筋价格以第一批构件到场为起点，全部构件到场、供货完成作为终点；期间若因甲方原因导致整个项目中断 3 个月以上，则按照项目重新开工后，调差施工周期重新开始计算，自重新开工第一批构件进场至全部构件到场，重新计算算术平均值。

结合工程招标文件约定，施工周期内钢筋、商品混凝土信息价的加权平均价超出投标当月市场信息价：钢筋价格的变化幅度大于 ±5%、商品混凝土的变化幅度大于 ±5% 时，发包方可调整其超过幅度部分的价格。

项目可调差材料：钢筋、商品混凝土；其他材料、机械等价格均按投标报价闭口包干，不予调整；项目调差费用不计算除税金外的任何管理费、利润及规费等其他费用。

调整后综合单价 = 合同综合单价 + 调差结算价差价。

（4）钢筋价格调差时，结算价若高于基准价 5%：调整后综合单价 = 合同综合单价 −（结算价 − 基准价 × 105%）；结算价若低于基准价 5%：调整后综合单价 = 合同综合单价 −（结算价 × 95% − 基准价）。

此处钢筋工程无论图纸上是否出现其他直径的钢筋，均以上述调整方法计算信息价的算术平均值并以此作为将来材料调差的基础。

（5）混凝土价格调差时，结算价若高于基准价 5%：调整后综合单价 = 合同综合单价 +（结算价 − 基准价 × 105%）；结算价若低于基准价 5%：调整后综合单价 = 合同综合单价 −（结算价 × 95% − 基准价）。

此处混凝土工程商品混凝土以"市场信息"中对应的混凝土等级的信息价为准。

94 整体卫浴的厂家有哪些?

答:

以下企业信息均来自于厂家网站介绍和电话咨询，如有信息不准或变更以企业最新信息为准。

不同卫浴品牌信息一览表

品牌	简洁	禧屋	万科一体	海鸥有巢氏	远铃	逸巢	海尔	科逸
公司名称	北京简洁新材料科技发展有限公司	禧屋家居科技（昆山）有限公司	徐州裕佳环保科技有限公司	苏州海鸥有巢氏整体卫浴股份有限公司	长沙远大住宅工业集团股份有限公司	河北逸巢卫浴设备有限公司	青岛海尔卫浴设施有限公司	苏州科逸住宅设备股份有限公司
注册资金	500万元	2000万元	100万元	5000万元	28577万元	500万元	5000万元	8500万元
注册时间	2015年12月11日	2014年3月27日	2015年1月27日	2016年1月19日	2006年4月30日	2015年3月3日	1997年4月25日	2006年8月22日
注册地址	北京市丰台区南四环西路128号院4号楼12层1515-1516（园区）	花桥镇绿地大道231弄8号楼1001-1005、1012室	徐州市云龙区绿地世纪城七期公寓式办公楼5号楼1-1919	江苏省苏州市吴中区旺山工业园天鹅荡路3号	长沙高新开发区麓松路与东方红路交汇处	河北省邢台市新河县滨河路与迎宾街交叉东南角	青岛高科技工业园海尔工业园内	苏州工业园区唯华路3号君地商务广场12幢1005室

品牌	简洁	禧屋	万科一体	海鸥有巢氏	远铃	逸巢	海尔	科逸
经营范围（营业执照）	销售电子产品、厨具用品、日用品、机械设备、电器设备、文具用品；室内装饰工程设计	智能家居设备、智能控制设备、整体卫浴、整体厨房的研发、设计、销售及上门安装；工业化住宅设计；装潢装饰材料、陶瓷制品、卫浴洁具、五金交电、家用电器、水暖器材、木制品的销售	环保技术开发、技术转让、技术检测、技术服务；建筑材料、装饰材料、五金产品销售；水电安装；管道设备、制冷设备、暖通设备、厨卫用具、电梯、中央空调销售、安装	生产整体卫浴设备、热水器，研发、生产、销售整体卫浴产品及配件、住宅系统集成产品，公司自产产品的安装，并从事家电产品机板组件及零部件的进出口、批发业务	家具生产、加工；卫生洁具零售；家用电器安装；搪瓷卫生洁具、金属制卫浴水暖器具的制造	住宅整体卫生间生产、销售	整体式卫生间制作、安装；卫生洁具、化妆台制造；家用电器批发、零售	研发、生产、销售、安装：整体浴室设备、厨房设备、卫浴洁具、家用家居；经营本公司自产产品的出口业务及本公司生产所需原辅材料的进口业务
产品材质	SMC	SMC	SMC	SMC	SMC、FRP	主要为玻璃淋浴房	SMC、FRP	SMC

注：仅供参考，企业信息以官方公布为准。

part 7
营销
相关问题

95 装配式建造方式对于业主有哪些利好？

答：

（1）预制构件、部品等在建筑产品中的应用，提高了建筑的整体工业化程度。装配式构件工厂生产使产品精度更高，更加标准化、规范化、集成化。

（2）装配式建筑采用新型建筑体系、绿色建筑材料。主体及二次结构建筑材料、装配式内装建材均符合安全无毒、对人体无害、不污染环境的标准，具有很好的环保性能。

（3）装配式建筑采用工厂预制构件，现场组合安装，因此可减少施工现场湿作业量，缓解"用工荒"的问题，施工周期短。同时，由于装配式建筑构件是在工厂车间内生产完成，在冬季也可以生产，解决了北方地区冬期施工难的问题，能够缩短交房时间。

（4）夹芯保温外墙板减少了保温的二次铺贴作业，同时外叶板对保温层起到保护作用，可延长保温材料的使用耐久性；同时，窗台与外墙一起预制，有效避免了渗漏问题。因此，夹芯保温墙板能集承重、保温、防水、防火、装饰等多项功能于一体，也避免了传统保温层施工易发生保温剥落的风险。

（5）采用装配式装修的建筑，可实现后期功能性灵活调整，不影响结构主体安全，机电管线便于维修和更换。

96 装配式建筑是否有预售时间、建筑面积的奖励政策？

答：

各地住房和城乡建设部门发布的关于装配式建筑的相关通知，均明确了对预售时间的奖励政策（具体内容以最新发布政策为准）。

（1）北京市

采用装配式建筑的商品房开发项目，在办理房屋预售时，可不受项目建设形象进度要求的限制。

（2）天津市

采用装配式建筑的商品房项目，施工部位达到首层室内地坪标高且符合办理条件的，可申请办理商品房销售许可证。

（3）石家庄市

对采用装配式方式建设的商品房建筑，投入开发建设资金达到工程建设总投资的25%以上和施工进度达到主体施工的装配式建筑（已取得《建筑工程施工许可证》），可申请办理《商品房预售许可证》；装配式建筑在办理商品房价格备案时，可上浮30%。

2020年底前，对新开工建设的城镇装配式商品住宅（以取得《建筑工程施工许可证》时间为准）和农村居民自建装配式住房项目（以竣工时间为准），由项目所在地县（市、区）政府按照50~100元/m² 予以补贴，单个项目补贴不超过100万元，具体办法由各县（市、区）制定。桥西区、裕华区、长安区、新华区的项目补贴，市、区财政各负担50%。

（4）郑州市

对采用装配式建筑技术建设（采用预制外墙或预制夹芯保温墙体）的商品住房项目，其外墙预制部分建筑面积不计入容积率，但其建筑面积不应超过总建筑面积的3%。对采用装配式技术建造的保障性住房及政府和国有企业投资项目，所增加的成本计入项目建设成本。

（5）长春市

经认定符合装配式建筑相关技术要求的房地产开发项目，有地下室工程的，完成基础和地下结构工程；无地下室工程的，完成基础和地上 2 层结构工程，并已确定施工进度和竣工交付日期（含环境和配套设施建设），可申请提前办理《商品房预售许可证》。

对自主采用装配式建造的住宅项目，给予不超过实施装配式建造的各单体规划建筑面积之和 3% 的面积奖励。

（6）浙江省

满足装配式建筑要求的商品房项目，墙体预制部分的建筑面积（不超过规划总建筑面积的 3%~5%）可不计入成交地块的容积率核算；同时满足装配式建筑和住宅全装修要求的商品房项目，墙体预制部分的建筑面积（不超过规划总建筑面积的 5%）可不计入成交地块的容积率核算，具体办法由各地政府另行制定；因采用墙体保温技术增加的建筑面积不计入容积率核算的建筑面积。

（7）南京市

建筑单体预制装配率不低于 50% 且成品住房交付的采用装配式建筑的商品房项目，可在其基础施工完成、装配预制部品部件进场并开始安装时提前办理《商品房预售许可证》，预制部品部件投资计入工程建设总投资额，纳入进度衡量。土地出让合同另有约定的除外。

（8）山东省

外墙预制部分的建筑面积（不超过规划总建筑面积 3%），可不计入成交地块的容积率核算；对符合规定的装配式商品房项目，预售资金监管比例可适当降低。装配式建筑项目质量保证金计取基数可以扣除预制构件价值部分，农民工工资保证金、履约保证金可以减半征收。各地应将装配式建筑产业纳入招商引资重点行业，并落实各项优惠政策。

（9）青岛市

装配式建筑项目，投入的开发建设资金达到总投资额的 25% 以上、施工进度达到正负零，并已确定施工进度和竣工交付日期的装配式住宅，可办理商品房预售许可证。

（10）合肥市

满足装配式建筑要求的商品房项目，其外墙预制部分建筑面积不超过装配式建筑各单体地上规划建筑面积之和百分之三的，不计入成交地块的容积率计算。

（11）福州市

对自主采用装配式建造的商品房项目，其预制外墙或叠合外墙的预制部分建筑面积可不计入容积率核算，但不超过该栋建筑的地上建筑面积3%。

（12）西安市

房地产开发项目在土地出让时未明确但开发建设单位主动采用装配式建筑技术建设的，由建设单位向市建设行政主管部门提出申请，并提供采用装配式建筑技术的施工图纸，经市建设行政主管部门审查同意，在施工许可证予以注明，规划部门据此直接办理建设项目竣工规划核实，奖励增加地上建筑面积3%以内的建筑面积。对项目全部建筑采用装配式建筑技术建设且装配率达到30%以上的，增加面积按采用装配式建筑土地出让合同约定的地上建筑总建筑面积的3%计算。对项目部分单体建筑采用装配式建筑技术建设且装配率达到30%以上的，增加面积按采用装配式建筑土地出让合同约定的单体建筑地上建筑面积在地上建筑总建筑面积所占比例的3%计算。奖励面积总计不超过地上建筑面积的3%。

（13）重庆市

凡是装配式建筑的商品房项目，国土房管部门在办理商品房预售许可时，允许将装配式预制构件投资计入工程建设总投资，允许将预制构件生产纳入工程进度衡量。

（14）广东省

鼓励省内金融机构对部品部件生产企业、生产基地和装配式建筑开发项目给予综合金融支持，对购买已认定为装配式建筑项目的消费者优先给予信贷支持。使用住房公积金贷款购买已认定为装配式建筑项目的商品住房，公积金贷款额度最高可上浮20%，具体比例由各地政府确定。

（15）海南省

为鼓励社会项目积极采用装配式建筑，到2020年底前，按装配式方式建造的商品房项目，且满足国家装配式建筑认定标准的，其满足装配式建筑要求部分的建筑面积可按一定比例（不超过规划地上建筑面积的 3%）不计入容积率核算，具体由市县住房城乡建设部门会同规划部门共同制定。

（16）湖南省

对房地产开发项目，主动采用装配式方式建造且装配率大于 50% 的，经报相关职能部门批准，其项目总建筑面积的 3%~5% 可不计入成交地块的容积率核算。具体办法由各市州人民政府另行制定。

优先办理商品房预售。对满足装配式建筑要求并以出让方式取得土地使用权，领取土地使用证和建设工程规划许可证的商品房项目，投入开发建设的资金达到工程建设总投资的 25% 以上，或完成基础工程达到正负零的标准，在已确定施工进度和竣工交付日期的前提下，可向当地房地产管理部门办理预售登记，领取《商品房预售许可证》，法律法规另有规定的除外。在办理《商品房预售许可证》时，允许将装配式预制构件投资计入工程建设总投资额，纳入进度衡量。

由于政策调整较频繁，以上奖励政策仅供参考，具体项目需进一步落实。

97 采用 SI 体系（结构体系和内部功能体系分离）对使用面积的影响有多大？

答：

（1）以北京和能人居科技有限公司提供的产品系列数据为例

①地面

130mm 厚度：卫生间同层排水（结构不需降板，100 架空 +20 平衡层 +10 面层），如选择下排水，厚度减少。

100mm 厚度：采暖居室（50 架空 +40 采暖 +10 面层）。

60mm 厚度：非采暖居室（20 架空 +30 非采暖模块 +10 面层）。

②墙面

10mm 厚度：墙面无需调平，无管线（10 面层）。

20~30mm 厚度：墙面需调平（10 面层 +10 龙骨 +0~10 调平）。

50mm 厚度：墙面走管线（50 线盒，线盒面与饰面平齐）。

③隔墙

90mm 宽：居室分室隔墙（10 面层 +10 龙骨 +50 隔声 +10 龙骨 +10 面层）。

160mm 宽：公共建筑分室隔墙。

200mm 宽：带配电箱隔墙。

④厨卫吊顶

厨卫吊顶装修厚度（吊顶面层 + 龙骨厚度）为 50mm。

⑤水暖电及门窗

坐便器：同层排水需采用后排式 / 侧排式坐便器，能靠近排水立管布置。

（2）整体卫浴

整体卫浴有安装管道的侧面与墙面之间应不小于 50mm；无安装管道的侧面和墙面之间不应小于 30mm。

整体卫浴的底部与楼地面之间不应小于 150mm。

整体卫浴顶部与顶棚底部之间不应小于 250mm。

98 采用干式工法地面对客户感受有何影响?

答:

（1）采用干式工法地面的优势

①可在架空空间内敷设给水排水管线。在安装分水器的地板处设置地面检修口，以方便管道检查、修理使用。

②架空地板有一定弹性，硬度较小，对容易跌倒的老人和孩子起到一定的保护作用，满足"适老适幼"体系。

③与一般的水泥地直铺地板相比，地面温度相对较高，地面干燥，温度、湿度适宜，也是架空地板的一大特征，同时，具有较强的隔声降噪效果。

（2）劣势

干式工法的石材地面易产生空鼓感和裂缝。

99 全装修竣备与精装交付标准的区别是什么?

答: ───────────────────────────────

装配式建筑要求实行全装修。全装修是指建筑功能空间的固定面装修和设备设施安装全部完成,达到建筑使用功能和性能的基本要求。

全装修案例

精装交付标准是根据项目产品定位需达到的精装标准。二者在使用材料、部品上有所区别,建造成本和呈现效果差异较大。

精装交付效果图

100 集成厨卫能否达到高端住宅产品的品质要求？

答：

（1）集成卫生间

集成卫生间采用工厂的柔性化生产线，排水底盘可单套定制；墙板及地板的颜色、花纹可选；可匹配市面上流通的各种卫浴洁具及部品部件，整体表现效果极佳，色彩丰富、显档次；墙板可更换、可回收、可降解甲醛；工厂标准化生产，质量稳定有保障，减少材料浪费。成品效果和品质满足市场需求。

集成卫生间实景图

（2）集成厨房

集成厨房拥有墙、地、顶架空系统，可铺设水电管道及地暖层，同步解决管线排布问题。SMC 一体模压"冰箱式"柜体及多功能收纳系统，增加了橱柜的实用性，让厨房像冰箱一样具有更好的存储功能。装配式全干法施工，模块化组装，让厨房装修变得更简单。

（3）五大优势

①绿色环保：选用环保型材料，全干法装配式施工，减少能源消耗，净化施工环境，无毒无害无污染，时尚节能，科技环保。

②性价比高：装配式施工，减少手工艺人的手工误差，保证品质，缩短工期；模块化组装，降低运维成本；从设计到安装一体化服务，成本可控。

③寿命长：工法可靠，所选高分子材料性能优越，防水、防腐、防氧化、防刮花，具有高强度、抗冲击等特性，使用寿命长。

④安全保障：具有阻燃、耐高温性能，防滑落柜体隔板系统增加储物安全性能，防霉防潮。

⑤风格多元化：可根据需求自由组合，符合多样家装风格。

附录　作者介绍

金茂慧创建筑科技有限公司（简称：金  茂建筑科技）位于北京市西城区复兴门外大街金融街商圈腹地——中化大厦。作为中国金茂二级建筑科技公司，金茂建筑科技秉承中国中化"科学至上"的发展理念和中国金茂"智慧科技　绿色健康"的创新方向，在创业创新的大浪潮下顺应大建筑产业和数字化技术融合发展的大趋势，以装配式 AI 智能设计、科技研发、建筑全过程咨询为核心业务，利用大数据、区块链等先进技术，将 J·MAKER 数字建筑 AI 平台作为智慧科技和数据应用的载体，致力于打造大建筑产业链设计、采购、施工的 EPC-OEM 创新一体化互联生态圈，为建筑行业提供装配式建筑一站式解决方案的智慧科技服务商。

装配式建筑是一项系统工程，要在建筑与工业化间找到最佳的平衡点——需将传统建筑的设计、供货与施工全流程改造成符合工业化的设计、制造与安装流程。金茂建筑科技具备开发商基因，从设计源头考虑制造与安装要求，满足客户保质量、控成本、优进度、控风险、技术创新等诉求，客户涵盖恒大、保利、建发、城建、华润置地、招商地产等地产开发企业、构件生产企业及设计院，业务遍布全国近 30 个核心城市。2019 年至今，服务京津冀、郑州、青岛、济南、上海、张家港、宁波、长沙、贵阳、广州等地 60 余个项目，为客户累计降本 2 亿元，使装配式建筑真正做到又快、又好、又省。

金茂建筑科技作为全联房地产商会建筑工业化分会常务理事单位，致力于构建装配式产业链一体化互联生态圈，目前已与中建系、标准院、建研院、北京院、远大住工、三一筑工、和能人居、中国建材工业经济研究会、同济大学等 20 余家优秀产学研企业战略合作，在标准化、装配式构件研发及供货、装配式装修、整体卫浴等方面展开合作，助推建筑工业化进展。

公司注重创新研发和专业沉淀，目前已获取发明专利 10 余项，编著装配式建筑系列丛书，已出版《装配式建筑 100 问》《装配式建筑典型案例复盘》。2020 年，获取中关村金种子企业资质并获评中国房地产品牌价值榜装配式产业链智慧科技服务商、2020 中国房地产装配式全过程咨询金牌供应商奖等荣誉。定位装配式产业链智慧科技服务商，金茂建筑科技将坚持一体两翼战略方向，打造"金茂建科生态圈"，搭建 J · MAKER 数字建筑 AI 平台，在行业内做到产业园区规划及运营模式驱动和大数据集中管理平台驱动两方面领先，做装配式建筑行业领跑者。

部分获得奖项

"独木不成林，单丝不成线"，行业优秀企业的合作是产业链融合和创新发展的重要途径。科技变革和产业升级的时代背景下，在建筑业转型升级的变革中，金茂建筑科技愿与行业产学研优秀企业携手，在装配式全过程咨询、PC 构件供货、整体卫浴、装配式体系研发、AI 平台研发、绿色产业园等方面精诚合作，充分发挥各自在技术、产品、资源等方面的优势，响应国家大力发展装配式建筑的号召和市场需求，共同开创绿色建筑生态圈的全新篇章。

金茂建筑科技公众号　　　　　　　金茂建筑科技抖音号

企业风采：

2019 年 10 月 17 日品牌发布会暨战略签约仪式

2020 年第十六届国际绿色建筑与建筑节能大会暨新技术与产品博览会参展

2020 年第十六届国际绿色建筑与建筑节能大会暨新技术与产品博览会参展

2021 年第十七届国际绿色建筑与建筑节能大会暨新技术与产品博览会参展

2019 年度优秀供应商

2020 年度中国房地产产业链年度创新人物

2019 年度创新奖

2019 年度优秀供应商

2020 年度最佳合作奖